高等学校规划教材

固体废物处理实训

白　圆　编著
杨　军　陈永志　主审

中国建筑工业出版社

图书在版编目（CIP）数据

固体废物处理实训/白圆编著. —北京：中国建筑工业出版社，2018.1
高等学校规划教材
ISBN 978-7-112-21486-0

Ⅰ.①固… Ⅱ.①白… Ⅲ.①固体废物处理-高等学校-教材 Ⅳ.①X705

中国版本图书馆 CIP 数据核字（2017）第 272914 号

　　本教程是为《固体废物处理与处置》课程开设的实践性必修课程所写的教材。目的是帮助学生加深理解各种固体废物处理与资源化技术的原理，初步掌握基本实验方法和操作技能，突出在实训过程中，学生发现、提出、分析和解决问题的能力，以及实际操作能力和创新与创造能力的训练，培养学生具有依据工程实践的需要进行科学思维和科学实验与设计的初步能力，形成良好的工作作风、科学态度与社会责任。

　　本教程介绍了固体废物处理与处置的相关法律、法规、方针、政策，强调法治在固体废物处理与处置中的重要地位。对固体废物处理与处置的收集、运输、破碎、分选、压实、固化、焚烧、热解、生物化处理以及最终处置等各个环节中涉及的实验、实习、课程设计、毕业设计的目的要求、方法原理、仪器设备、操作流程及注意事项等内容作了全面的阐述，并对生活垃圾的工艺流程、设施设备以及施工方式方法进行了详细说明，突出了实训的可操作性。对如何利用信息技术进行固体废物处理与处置的实训教学活动进行了具有前瞻性的说明。

　　本教程汇集了国内外固体废物处理与处置有关实训的资料信息，体现了基础理论学习与实践教学相结合、课堂内与课堂外相结合、因材施教、内容全面、方式多样、促使学生综合素质全面发展的特点。本教程可供高等院校环境类专业及其相近专业的本科生使用，亦可作为从事环境类专业实训教学和相关研究的教师、管理人员以及科研人员的参考资料。

　　责任编辑：于　莉　杜　洁　王美玲
　　责任校对：王　瑞　李欣慰

高等学校规划教材
固体废物处理实训
白　圆　编著
杨　军　陈永志　主审

＊

中国建筑工业出版社出版、发行（北京海淀三里河路 9 号）
各地新华书店、建筑书店经销
霸州市顺浩图文科技发展有限公司制版
北京鹏润伟业印刷有限公司印刷

＊

开本：787×1092 毫米　1/16　印张：12　字数：289 千字
2018 年 1 月第一版　　2018 年 1 月第一次印刷
定价：**38.00** 元
ISBN 978-7-112-21486-0
（31156）

前　言

随着全球资源、能源与环境问题的日益突出以及人口的增加、生产力的迅速发展和人民生活水平的不断提高，城市规模在扩大，城市垃圾的产生量在逐年递增，并且其性质更加复杂，对环境的污染日益加剧，已成为我国社会经济可持续发展和生态文明建设的一大障碍。随着我国对固体废物管理工作的日益重视，处理处置固体废物的政策、法规、制度日趋完善，公民环境保护观念正在发生变化，固体废物"减量化、无害化、资源化"的理念正在变成行动。

环境工程专业从20世纪90年代开始在全国高等院校中获得了大规模的发展。经过这些年的努力，高等院校在该课程的理论教学方面取得了可喜的成绩，并积累了宝贵的教学经验。然而在实训教学方面，尤其在教材建设和教学方法与内容改革上却显得相对薄弱和滞后。随着现代信息技术的发展和广泛应用，当前迫切需要有一本能引导学生走出教室，走进实验室；走出学校，走向社会，走进施工现场；走出国门，走向世界的具有中国特色的实训教材。学生走出教室，走进实验室，通过实验验证所学基础理论知识，通过科学探究在科学思维、科学态度与社会责任方面得到提升；走出学校，走向社会，了解社情民意以及环境保护相关法律、法规、政策的执行情况；走进施工现场，进行实地勘察，充分利用社会资源，既弥补了学校实验设施的不足，又克服了实践教学手段单一的现象；通过实习、课程设计、毕业设计等实训活动，了解固体废物处理与处置的现状，提出科学合理的建议，培养动手能力和发现、提出、分析、解决问题的能力，加强工程意识以及创新思维的训练；运用多媒体技术走向国际，扩大视野，了解其他国家或地区关于固体废物处理与处置的发展方向，为我国固体废物处理与处置提供可借鉴的经验。《固体废物处理实训》的出版就是在这种背景下的一次新的尝试。

本教程结构清晰。第1章重点介绍了实训课程开设的内容、目的、意义、要求，突出了科学实验在固体废物工程资源化中的运用；第2章介绍了固体废物处理与处置的相关法律、法规、方针、政策，以及社会调查研究的方法与形式，强调法治在固体废物处理与处置中的重要地位及社会调查研究是获取相关信息的重要手段。第3~12章紧扣无害化和资源化，对固体废物处理与处置的收集、运输、破碎、分选、压实、固化、焚烧、热解、生物化处理以及最终处置等各个环节中涉及的实验、实习、课程设计、毕业设计的目的要求、方法原理、仪器设备、操作流程及注意事项等内容作了全面的阐述，并对生活垃圾的工艺流程、设施设备以及施工方式方法进行了详细说明，突出了实训的可操作性与创新能力的培养，是本教程的重点内容。通过本教程的教学不仅可以帮助学生加深理解理论课学习过程中遇到的难以理解的问题，有助于培养学生的工程意识，使学生有机会了解现代化处理固体废物的工艺和装备，而且可以培养学生的动手能力和创新思维，形成正确的科学态度与社会责任。

本教程汇集了国内外固体废物处理与处置有关实训的资料信息，体现了基础理论学习与实践教学相结合、课堂内与课堂外相结合、因材施教、内容全面、方式多样、灵活运用、促使学生综合素质全面发展的特点。本教程可供高等院校环境类专业及其相近专业的本科生、研究生使用，亦可作为从事环境类专业实训教学和相关研究的教师、管理人员以及科研人员的参考资料。

本教程的使用具有很大的灵活性。由于不同学校的设施条件不同，在选用本教程时，各学校可以根据本校的实际选择部分实训内容，编写符合本校实际的实训课程实施指导意见组织教学。

本教程在编写的过程中，得到了兰州交通大学环境与市政工程学院及同行的鼓励和支持。本教程由杨军教授、陈永志教授主审，赵保卫教授、宋小三教授对书稿进行了审核并作了大量的组织协调工作，马昱祺等负责整理了部分文字资料，学院及甘肃省高等学校特色专业－环境工程（101004）项目提供了资助。在此一并表示感谢！本书出版得到中国建筑工业出版社的大力支持。对他们认真细致的工作和提出的宝贵意见表示感谢！

由于编者水平有限，书中定有不妥和疏漏之处，敬请读者不吝赐教。

白圆

2017 年 8 月于兰州交通大学

目　　录

第1章　实训课程设置

当您拿到这本教程时，您一定很想知道开设实训课程有什么意义？实训课程到底包含哪些课程类型？作为教师，应该怎样组织实训课程的教学？作为环境专业的学生，应该如何学习实训课程才能达到教学大纲的要求？本章通过对环境类专业实训课程开设的目的、意义和要求以及实验课程、实习课程、课程设计课程、毕业设计课程的阐述，您将获得对相关问题的认识和理解。

学习目标

本章学习完后，您将能够：

（1）说出环境类专业实训课程开设的目的、意义和要求；

（2）进一步提高对科学探究与实验的认识，知道对科学探究及实验能力的基本要求；

（3）说出实习课程实施的三个环节、实习课程的教学要求以及固体废物课程实习的主要内容；

（4）知道课程设计与毕业设计的流程和要求。

学习内容

1.1　环境类专业实训课程开设的目的、意义和要求

1.2　实验课程

1.3　实习课程

1.4　课程设计课程

1.5　毕业设计课程

1.6　信息技术为依托的实训课程

学习时间

2学时。

学习方式

第1学时学生自学，第2学时组织讨论，交流学习心得体会，教师指导点评。

1.1　环境类专业实训课程开设的目的、意义和要求

1.1.1　开设的目的、意义

随着我国高等教育的发展，高等教育的实训在培养学生的综合应用能力方面发挥着越来越重要的作用。实训教学是专业人才培养方案的重要组成部分，是实现高等教育人才培养目标的主体性教学之一，而实训教学环境是培养技能型应用人才的基本支撑条件。

根据环境类专业高等教育培养方案和教学基本要求，从行业取经，从市场需求整合课程，加强实习实训建设，实施探究式的教学策略，实现理论学习和实践学习的结合，编制

了具体的教学计划，突出强调加强基础教学和实践环节，努力提高环境类学生的实践能力和综合素质，培养适应社会需求的环境类专业技术人才。

环境工程专业实训课程开设的目的、意义，如图 1-1 所示。

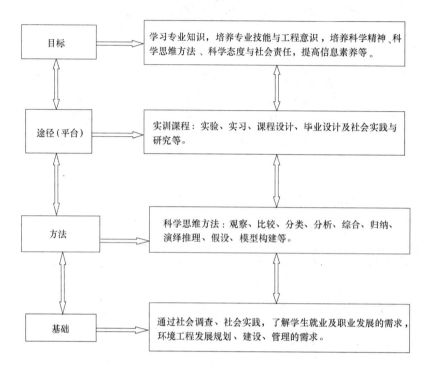

图 1-1 实训课程开设的目的、意义框架图

说明：

（1）高等教育环境类专业的人才培养目标，是培养具有较扎实的专业理论基础，掌握环境影响评价要点，熟练使用现代监测仪器获取相关信息，具有数据分析、预测和评价的能力，善于合作交流，具有团体协作精神和社会责任感等的应用型和技能型环境专业人才。环境工程专业的实训课程与理论课程同样肩负着引导学生自主学习专业知识，培养专业技能与工程意识，培养科学精神、科学思维方法、科学态度与社会责任的任务，是实现培养目标的关键环节。

（2）学生要达到课程规定的目标，学习理论课程是其中的重要方法之一，但要提升学生的创新能力、实践能力，使学生对于社会发展中表现出的环境问题有一个正确的态度、价值取向和行为表现，在学校学习阶段，则需通过实训课程的实践与培养才能够实现，因此实训课程是培养学生创新能力的一个平台，是一条重要的途径。

（3）实训课程的学习过程是一个科学思维方法的运用过程。学生在实验课程的学习过程中，从独立查阅资料、提出实验方案到自主实验研究、科学分析推导，在课程设计与毕业设计课程的学习过程中，从选题到完成设计，无一不用到观察、比较、分类、分析、综合、归纳、演绎推理、假设、模型构建等科学思维方法。因此，实训课程既是科学思维方法的运用，也是学生科学思维能力的提升过程。

（4）了解学生就业发展的需求以及环境工程发展规划、建设、管理等的需求，是实训课程开设的基础性工作，实训课程的内容离开了学生发展和环境工程发展的需求，就会无的放矢，就会成为无源之水、无本之木。而学生及环境工程发展的需求只有通过社会调查、社会实践才能掌握，正因为如此，本教程在编写的过程中特别强调社会调查、社会实践在实训活动中的重要地位，增加了相关的内容。

1.1.2 基本要求

简单地说，实训就是在实践中对学生的综合素质、基本技能、专业技能、专业综合能力以及创新能力的培养和训练。环境类专业的实训是指按照环境类专业的教学要求，在真实或仿真模拟的现场操作环境中，通过实验、现场勘查、案例分析、撰写调研报告、撰写论文、毕业设计、答辩、展示交流等有效的实践活动，培养学生的实际工作能力和创造能力，为适应社会对职业技术的要求奠定扎实的基础。

（1）实训课程的教学需要在学校创设模拟实训环境，充分利用学校的实验设施开设实验课。在这一虚拟环境下或实验室，利用真实的案例组织教学活动，对学生进行岗位实训锻炼。这种方式要求教师要事先深入到相关部门进行调查研究，收集真实案例，如将审批合格的报告书（表）和相关的图文资料等带回课堂，供学生学习参考。结合真实的案例，在教师指导下将理论知识和实训内容有机地结合起来，学生系统地将所学知识操练一遍，达到较好的教学效果。

（2）需要组织学生走出教室、走出学校，走向社会、走进现场，充分利用校外的人力、物力资源，通过工程技术人员及管理人员的讲解、实地考察、交流等活动，培养学生解决生产实践和工程项目中实际问题的技术及管理能力，陶冶学生爱岗敬业的情操。同时也让社会充分了解学校，为学生对口就业创造良好的机遇。

（3）加强学生职业规范化训练，加强学生对各行业技术编制知识点的掌握，提高环境监测仪器操作技术能力、安全意识、管理意识、协作意识和创新意识等。主要包括：素质拓展、基础技能、专业技能、专业综合能力、综合实习和创新实践六个模块。

1）素质拓展模块

增强学生对社会的认知能力、适应能力，目的是培养学生的综合素质，养成有助于个人发展的良好个性品质。包括社会实践、社会调查、创造、创作等环节。

2）基础技能模块

加强学生的数学、外语、计算机应用的技能，目的是培养学生扎实的基础知识能力，提升学生的信息素养水平。包括公共基础实验、学科基础实验、外语听说读写、计算机基础训练及文献检索等环节。

3）专业技能模块

加深对专业理论知识的认识和理解，目的是培养学生求真务实的科学态度、严谨细致的作风，锻炼分析问题和解决问题的能力，主要包括专业课程的实验教学。

4）专业综合能力模块

依照专业特点所应具备的能力结构要求进行的专业综合能力训练，为学生构建专业综合能力平台，主要包括课程设计、实训课程、毕业设计（论文）等环节。

5）综合实习模块

强化学生对专业实践综合知识和生产技能的认识，目的是培养学生的专业实践能力和解决实际问题的能力，主要由认识实习、生产（专业）实习、毕业实习三个实践层次构成。

6）创新实践模块

发挥学生的创新思维和创造性，使学生的理论知识得到巩固和升华，突出学生的个性发展，提高学生的创新能力。包括学生科研立项、开放实验项目、各类学科竞赛、科技学术报告等环节。

1.2　实验课程

科学探究与实验是环境工程专业的重要内容之一。科学探究与实验课是学生验证和巩固所学基本理论和知识，进行实验方法和技能的基本训练，培养分析问题和解决问题能力的重要教学环节，也是培养学生掌握科学实践方法、科学研究能力、科学思维能力和科学态度与社会责任以及创新精神和实践能力必不可少的实践性教育环节。

1.2.1　提高对科学探究与实验课的认识

1. 科学探究

"科学探究"是指提出科学问题、形成猜想和假设、设计实验与制定方案、获取和处理信息、基于证据得出结论并作出解释，并对科学探究过程和结果进行交流、评估、反思的能力。"科学探究"主要包括问题、证据、解释、交流与合作等要素。科学探究及实验能力的基本要求见表 1-1。

科学探究及实验能力的基本要求　　　　　　　　　　　　　表 1-1

科学探究要素	科学探究及实验能力的基本要求
提出问题	能发现与环境工程有关的问题；从环境工程的角度较明确地表述这些问题；认识提出问题的意义
猜想与假设	对解决问题的方式和问题的答案提出假设；对实验结果进行预测；认识猜想与假设的重要性
制定计划与设计实验	知道实验目的和已有条件，制定实验方案；尝试选择实验方法及所需要的装置与器材；考虑实验的变量及控制方法；认识制定计划的作用
进行实验与收集证据	用多种方式收集证据；按说明书进行实验操作，会使用基本的实验仪器；如实记录实验数据，知道重复收集实验数据的意义；具有安全操作的意识；认识科学收集实验数据的重要性
分析与论证	对实验数据进行分析处理；尝试根据实验现象和收集的数据得出结论；对实验结果进行解释和描述；认识在实验中进行分析论证是很重要的
评估	尝试分析假设与实验结果间的差异；注意探究活动中未解决的矛盾，发现新的问题；吸取经验教训，改进探索方案；认识评估的意义
交流与合作	能写出实验探究报告；在合作中注意既坚持原则又尊重他人；有合作精神；认识交流与合作的重要性

2. 科学思维

"科学思维"是从环境工程的视角对客观事物的本质属性、内在规律及相互关系的认识方式；是基于经验事实构建理想模型的抽象概括过程；是分析综合、推理论证等方法的内化；是基于事实证据和科学推理对不同观点和结论提出质疑、批判、检验和修正，提出创造性见解的能力。"科学思维"主要包括模型构建、科学推理、科学论证、质疑创新等要素。

3. 科学态度与责任

"科学态度与责任"是指在认识科学本质，理解科学-技术-社会-环境关系的基础上，逐步形成的对科学和技术应有的正确态度和责任感。"科学态度与责任"主要包括科学本质、科学态度、社会责任等要素。

1.2.2 实验课程的类型

根据实验的性质可以将实验课程分为两类，一类是验证性实验课程，一类是探究性实验课程。

1. 验证性实验课程

验证性实验课程通常是指实验者在教师的指导下针对已知的实验结果而进行的以验证实验结果、巩固和加强有关知识内容、培养实验操作能力为目的的重复性实验。

2. 探究性实验课程

探究性实验课程通常是指实验者在不知晓实验结果的前提下，通过自己实验、探索、分析、研究得出结论，从而形成科学概念的一种认知活动。

1.2.3 实验课程的目的与要求

1. 对实验课指导教师的要求

实验课指导教师应按教学计划和教学大纲的规定，确定实验个数、目的要求和具体内容。

2. 对实验课内容的要求

实验课应有实验指导书，实验指导书对实验原理、方法、步骤、技术要求和数据处理等内容的叙述应概念清晰、条理清楚、简单易懂，思考题应联系实验内容，抓住重点、启发难点。

3. 对学生的预习要求

实验前学生应进行预习。对于较复杂的实验，教师对学生的预习应加以指导。实验前教师可用抽查的办法检查学生的预习情况，没有预习的学生，不允许做实验。对一般实验的讲解应简明扼要，讲清重点和实验中的关键，避免过多的阐述，留给学生思考的余地，保证学生有足够的操作时间。

4. 对实验过程的要求

实验时应让学生独立思考、独立操作。教师应有计划地检查学生的操作和记录，用提问的方式启发学生解决疑难问题并防止操作错误；教师应引导学生细心观察和捕捉实验中出现的现象，要特别关注意料之外发生的现象，启发学生分析实验数据与理论推导结果存在差异的原因；在实验过程中应防止包办代替和放任自流。

5. 对实验报告的要求

实验记录要接受指导教师的检查。学生应按规定的格式和内容，独立书写实验报告。教师对学生应严格要求，对实验操作马虎、结果错误或实验报告不符合要求的学生，可责令其重做实验或重写报告。

6. 对科学态度与责任的要求

要教育学生严格遵守实验室的规章制度。教师要经常结合实验项目，教育学生注意安全、爱护公物、节约水电和节省实验用品、培养学生勤俭节约的作风，同时要教育学生尊重教师的劳动，讲究文明礼貌。根据实验的科学态度来评定实验成绩。实验成绩应按一定比例计入本门课程的总成绩中，实验成绩不及格者，不允许参加课程的考试。对于实验学时较多的课程，可以独立设课，单独考核。

7. 对实验室建设的要求

要注意积累资料和加强实验室的建设。指导教师要互相观摩教学，取长补短，交流经验。实验室应根据积累的经验，分析每一个实验中的重点、难点、关键问题以及注意事项，组织编写实验卡。积极创造条件，开设综合型实验和设计型实验，并逐步增加近代测试技术的训练项目，不断提高实验质量。

8. 对实验安全的要求

《实验室化学固体废物处置安全规范》要求：

（1）实验室化学固体废物的定义

本规范中的实验室化学固体废物是指在实验室所产生的各类危险化学固态废物，包括：1）固态、半固态的化学品和化学废物；2）原瓶存放的液态化学品；3）化学品的包装材料；4）废弃玻璃器皿。以下简称为固废。

（2）固废的包装材料

1）实验室自行准备大小合适、中等强度的包装材料（如纸箱、编织袋等）。

2）包装材料要求完好、结实、牢固；纸箱要求底部加固。

（3）包装贴标

1）收集固废前，先在收集纸箱或编织袋上贴上《实验室化学固体废物清单》。

2）按要求填写产生固废的实验房间、联系人及其联系电话。

（4）固废的收集

1）分类收集：

① 瓶装化学品和空瓶：确保瓶体上标签完好，原标签破损的须补上标签，瓶盖旋紧后竖直整齐放入纸箱；瓶装化学品、空瓶须分别装箱收集。

② 其他化学品和化学固废：用塑料袋分装并扎好袋口，在塑料袋上贴上标签并写上固废名称和成分，袋口朝上放入纸箱或编织袋内。

③ 玻璃器皿：放入纸箱内。

以上三类不能混放。

2）做好记录：按要求在《实验室化学固体废物清单》上做相应记录。

3）停止收集：以纸箱和编织袋能密封为限，瓶装化学品和空瓶不能叠放，每袋或每箱质量不能超过50kg。

（5）固废的存放

1）固废收集满后，须在学院实验室废物处置联系人处登记相关的废物信息。

2）必须存放在学院指定位置，严禁把固体废物存放在非工作人员易接触到的地方。

（6）固废的处置

按照学校的统一部署和废物处置公司的要求进行固废的转运、记录和交接。

（7）其他注意事项

剧毒、可燃、易燃、强腐蚀性或有其他特殊问题的化学固体废物必须贴上相应的标志，且单独存放；对来源和组成不明的废弃化学品也应贴上标志后单独存放。

由于各个单位实验室实验条件不同、设备型号不同，故实验中涉及的仪器设备需根据产品说明书操作，其与本书所阐述的实验步骤会有不同。

1.3 实习课程

为提高工程技术人才的培养质量，培养学生的工程实践能力和创新思维能力，学校开设了实习课程。实习课程一般由三个实践环节组成，即认识实习、生产实习和毕业实习。实习课程开设的目的是：巩固所学的理论知识，并使理论紧密结合生产实践，通过接触生产、接触实际，增加学生对社会的了解，锻炼学生的实际工作能力；通过组织学生参观企业、聘请一线工程师开展专题讲座等方式，让学生了解环境污染控制的必要性，了解相关的环境政策等，增强专业意识，为专业课的学习奠定良好的基础。

1.3.1 实习课程实施的三个环节

1. 认识实习

认识实习，是入学后第一个十分重要的专业实践环节，一般是经过一年的基础课程和专业理论学习后进行。其目的是使学生通过实践，加深对学科和专业的认识，增加学习兴趣，增加社会使命感和责任感，并树立起热爱专业并愿为之刻苦学习的思想。认识实习一般以参观为主，并辅以调查访问。通过观察、调研、听取专题报告等形式，学生了解学科专业所涉及的范围以及专业术语、基本概念、学科前沿与成就，了解主干课程涉及的工艺设备、工艺流程和处理装备等。实习期间，学生应注意收集所见所闻和自己的体会，收集必要的资料和简图，撰写实习日记、调研报告和实习报告。

2. 生产实习

生产实习，是实践教学的重要环节，一般安排在学完专业基础课和部分专业核心课后的第六学期末或暑期。其目的是通过到工厂、企业或政府机关跟班实习，深化学生理解、消化课堂教学内容，培养观察事物、分析问题和解决问题的实践能力，做到理论联系实际、学以致用。重点了解实习单位的基本情况，熟悉工艺流程、生产设备以及环保设备的设计、加工和安装，收集工艺参数、操作条件、操作制度、管理和维修制度，对生产工艺流程及其设施进行经济技术分析，提出存在的问题和解决的措施。

3. 毕业实习

毕业实习，是在学生学完所有的专业课程后，毕业设计前进行的重要实践环节。其目的是培养学生树立工程意识，利用所学的专业知识对实际工程进行调查研究、分析综合、整理数据、归纳总结，同时培养学生的工程活动能力、与人合作共事的意识，巩固所学的理论知识。毕业实习重在收集与毕业设计有关的资料，包括熟悉有关环境污染综合治理程序，熟悉和掌握污染控制工程的设计步骤和方法，掌握各种处理设施的运行管理规程，熟悉我国的环境保护方针政策、相关规范标准及环保现状，了解新工艺、新技术在工程实践中的应用状况，为毕业设计打好基础。

1.3.2 实习指导书的内容

实习指导书能帮助实习者有目的、有步骤、按要求完成实习任务，主要包括以下内容：①实习的目的与对象；②实习所在单位的基本情况；③实习的生产岗位及需要熟悉的工艺流程、生产设备；④需要收集的工艺参数、操作条件、操作制度、管理和维修制度提要；⑤相关理论提要和规范标准；⑥对生产工艺流程及其设施进行经济技术分析，提出存在的问题和解决的措施；⑦实习进度安排和检查制度；⑧实习报告的要求；⑨实习考核方式及成绩评定标准；⑩实习的组织要求。

1.3.3 实习课程教学要求

1. 实习场所的选定

为保证生产实习取得良好的效果，实习场所的选定一般应根据需要和可能选择技术先进、生产稳定、管理完善，其产品、作业流程在本专业中具有代表性的站、段、厂、工地或公司，作为实习单位。为了扩大学生的知识面，除生产实习单位外，还可以就近安排在其他几个单位进行参观。

实习计划经批准下达后，应根据专业培养目标和教学计划的要求，联系实习单位的生产实际情况，按照《实习大纲》的要求以及其他有关指导性文件，并会同实习单位，拟订出详细的实习工作计划。

2. 实习动员

实习前，应由学院、系对学生进行动员，组织学生认真学习和讨论《实习大纲》等有关文件，使学生在思想上做好充分准备。

3. 实习指导

实习指导教师的主要任务是组织和检查学生实习情况，与实习单位技术人员密切配合，加强对学生的指导；加强安全教育和保密教育，严防安全事故的发生；充分调动每个学生的主观能动性；教育学生向有丰富实践经验的工程师、技术人员及现场的工人学习。

4. 实习成果

实习结束时，每个学生都必须按要求按时提交实习日志和实习报告，指导教师应明确实习日志和实习报告的具体内容和写作格式。实习日志，包括实习名称、日期、天气、地点、目的、方法、主要内容、收获、改进建议及措施。实习报告，包括实习目的和意义、实习时间及实习内容、实习方法、参观工厂概况介绍、主要设施设备及工艺流程、主要设施设备的操作及运行管理、处理效果、存在的问题及原因分析、合理化建议、总结及评价。

5. 实习考核

实习结束时，要进行考核。考核的方式可根据实习的内容和特点确定，最后按五级分制（优秀、良好、中等、及格、不及格）评定成绩。教师审阅实习报告时，也可以请实习单位的指导人员共同参加审阅。实习后可组织学生座谈，交流实习的体会及收获。

1.3.4 固体废物课程实习主要内容

固体废物课程实习的内容，是以《生活垃圾卫生填埋处理技术规范》GB 50869—2013、《生活垃圾焚烧处理工程技术规范》CJJ 90—2009、《生活垃圾堆肥处理技术规范》CJJ 52—2014 的要求为依据，参观生活垃圾填埋场、焚烧厂、堆肥厂和垃圾厌氧消化厂。了解总体概况、总体布置、操作运行及管理、主要系统的构成和设计参数以及供配电、给水排水、消防等设施，了解环境监测项目的检测方法及仪器设备。

1. 参观生活垃圾卫生填埋场

（1）了解填埋场总体概况，包括厂址位置、防护距离、建筑规模、服务年限、建筑用地情况、主要技术经济指标（填埋场投资、建设工期、运行费用、劳动定员等）、填埋场服务范围、进场垃圾量及性质。

（2）了解填埋场总体布置，包括填埋场主体工程、配套工程、生产管理及生活服务设施等。了解填埋场的类型、填埋方式、填埋工艺，绘制填埋场构造示意图，并说明各组成部分的作用和特点。

（3）熟悉填埋场各主要系统的构成和设计参数，包括垃圾坝构造、场内外道路情况、防洪与雨污分流系统、防渗系统、渗滤液导排与处理、填埋气体导排与利用、终场覆盖等，绘制防渗与终场覆盖系统构造示意图。

（4）熟悉填埋场操作运行及管理，包括填埋作业规划、填埋作业程序、填埋机械与废物填入操作、覆盖操作，了解主要设备设施运行特点与控制方式。

（5）了解填埋场供配电、给水排水、消防等设施，了解填埋场环境监测项目检测方法及仪器设备。

2. 参观生活垃圾焚烧厂

（1）了解焚烧厂总体概况，包括厂址位置、建筑规模、服务年限（日处理量、单台焚烧处理能力）、建筑用地情况、主要技术经济指标（焚烧厂投资、建设工期、运行费用、劳动定员等）、焚烧厂服务范围等。

（2）了解焚烧厂总体布置，包括焚烧厂主体工程、配套工程、生产管理及生活服务设施等。了解焚烧处理工艺原理，绘制焚烧厂处理工艺流程图，并说明各组成部分的作用和特点。

（3）熟悉焚烧厂各主要系统的构成和设计参数，包括垃圾计量系统、垃圾卸料及贮存系统、垃圾进料系统、焚烧系统、助燃空气系统、余热利用系统、烟气处理与排放系统、灰渣处理与利用系统、渗滤液处理与排放系统、自动控制系统等，收集相关运行控制参数和设计参数。

（4）熟悉焚烧厂操作运行及管理，包括主要设备设施运行特点与控制方式。

（5）了解焚烧厂供配电、给水排水、消防等设施，了解焚烧厂环境监测项目检测方法及仪器设备。

3. 参观垃圾堆肥厂

（1）了解堆肥厂总体概况，包括厂址位置、建筑规模、建筑用地情况、主要技术经济指标（堆肥厂投资、建设工期、运行费用、劳动定员等）、堆肥厂服务范围、进厂垃圾的性质（有机物含量、含水率、C/N）、堆肥的品质、肥效和最终去向等。

（2）了解堆肥厂总体布置，包括堆肥厂主体工程、配套工程、生产管理及生活服务设施等。了解堆肥处理工艺原理，绘制堆肥厂处理工艺流程图，并说明各组成部分的作用和特点。

（3）熟悉堆肥厂各主要系统的构成和设计参数，包括堆肥前处理、主发酵、后发酵、后处理、脱臭系统、贮存等，收集相关运行控制参数和设计参数。

（4）熟悉堆肥厂操作运行及管理、主要设备设施运行特点与控制方式，包括垃圾输送设备和机械、垃圾分选设备（破碎机、筛分设备、磁选机、风力分选设备等）、发酵单元的进出料装置、翻堆方式与设备、供风设施、脱臭设施、堆肥产品精制设备（粉碎机、搅拌机、混合机、造粒机、干燥设备、打包机等）。

（5）了解堆肥厂供配电、给水排水、消防等设施，了解堆肥厂环境监测项目检测方法及仪器设备。

4. 参观垃圾厌氧消化厂

（1）了解厌氧消化厂总体概况，包括厂址位置、建筑规模、建筑用地情况、主要技术经济指标（厌氧消化厂投资、建设工期、运行费用、劳动定员等）、进厂垃圾的性质（有机物含量、含水率、C/N）、处理规模及沼气、沼渣、沼液的综合利用情况。

（2）了解厌氧消化厂总体布置，包括厌氧消化厂主体工程、配套工程、生产管理及生活服务设施等。了解厌氧消化处理工艺原理，绘制厌氧消化厂处理工艺流程图，并说明各组成部分的作用和特点。

（3）熟悉厌氧消化厂各主要系统的构成和设计参数，包括前处理系统、垃圾厌氧发酵系统、垃圾进料系统、沼气处理与利用系统、废液处理与排放系统、自动控制系统等，收集相关运行控制参数和设计参数。

（4）熟悉厌氧消化厂操作运行及管理、厌氧消化分选除杂与调质，包括分选除杂、组分调整、接种、预加热、消毒等过程单元的控制与运行，熟悉厌氧消化系统主要设备设施运行特点与控制方式，包括发酵罐容积、停留时间、发酵温度、TS含量、有机物负荷、产气率、混合搅拌方式、进料设备等。

（5）了解厌氧消化厂供配电、给水排水、消防等设施，了解厌氧消化厂环境监测项目检测方法及仪器设备。

1.4 课程设计课程

1.4.1 课程设计的目的

（1）进一步培养学生综合运用所学《固体废物处理与处置》的理论知识、独立分析和解决工程实际问题的能力。

（2）在工程实施的基本训练中进一步消化和巩固《固体废物处理与处置》课程所学内容及相关知识。

（3）掌握调查研究、查阅文件、确定系统设计方案的方法。

（4）提高使用技术资料、认识及遵守国家工程标准规范和规定、进行设计计算、绘制工程图、编写设计说明书的能力。

（5）培养学生理论联系实际、正确分析和解决问题的能力。

（6）初步具备对一般固体废物处理系统的设计能力，为毕业设计打下坚实的基础。

1.4.2 课程设计的实施需要注意的事项

（1）课程设计一般安排在本课程基本结束或完整的教学单元结束时进行。

（2）教师必须根据本学科教学大纲的要求，全面分析教材内容，抓住核心部分，选择既有代表性，又有实际应用意义，既能联系多方面的概念和基本理论，又能达到一定技能训练的题目。题目确定之后，教师必须先试做一遍，并根据以往经验，预计学生可能遇到的困难和出现的错误，事先确定解决的方法。

1.4.3 教学组织和具体要求

课程设计是在教师的指导下，由学生独立完成，其教学组织和具体要求是：

（1）教师提前将设计题目发给学生，提出具体要求，学生要预先复习相关的教材内容和查阅有关参考资料，为课程设计顺利进行做好充分的准备。

（2）将设计的全过程分为相互有联系的若干阶段进行。在进行每个阶段之前，教师必须先介绍该阶段进行的原则、方法、步骤及注意事项，在每个阶段结束时，要检查学生的阶段进展，及时纠正原则性错误。

（3）在设计进行过程中，教师要注意了解学生设计进行情况，及时发现典型的方法（正确的和错误的），并通过讨论或者启示，使正确的方法得到肯定，错误的方法得到纠正，讨论完毕后，教师应作小结。

（4）贯彻因材施教的原则，对学有余力的学生，应提出更高的要求，鼓励他们多钻研，多看资料，促使这部分学生课程设计质量和水平有较大的提高。对学习有困难的学生，教师必须加强个别辅导，使其能按计划完成任务，达到教学的基本要求。

（5）课程设计结束时，学生要对课程设计的全过程进行回顾与反思，分析成功与失败的原因，提出改进的建议，教师应根据实际情况作简明扼要的总结，从中找出规律性的东西，帮助学生在认识上产生一个飞跃，达到举一反三的目的。

1.4.4 课程设计的步骤

课程设计的步骤如下：

（1）由给定的任务书明确自己要做的工作，查阅相关的文献参考资料；

（2）分析确定固体废物处理系统的组成；

（3）对固体废物处理系统进行计算和设备选型计算；

（4）进行系统布置，完成图纸绘制（要求手绘）；

（5）进行说明书编写（要求手写）。

1.4.5 课程设计的要点

《固体废物处理与处置》课程设计的要点是：

（1）固体废物处理系统工艺流程的选择分析与确定；

（2）对处理系统内各种处理设备的计算选择和描述；

（3）处理后固体废物的出路分析；

（4）厂内辅助建筑物以及道路等的说明；

（5）固体废物处理系统的总图布置及其他说明成果的图纸。

1.4.6 课程设计的进度安排

（1）设计动员，布置任务，提出要求，答疑，时间0.5天；

（2）文献查阅，了解、学习城市垃圾收集设计的方法，时间1天；

（3）进行设计计算，时间2.5天；

（4）绘制图纸，时间2天；

（5）编写设计说明书（含计算），时间1天。

课程设计总时间7天。

1.5 毕业设计课程

毕业设计（论文）是实训课程的重要组成部分。毕业设计（论文）的主要目的是培养学生综合运用本专业学科的基本理论、专业知识和基本技能，提高综合分析问题与解决问题的能力，初步具有从事科学研究工作的能力。

1.5.1 毕业设计需要注意的事项

1. 选题

（1）毕业设计（论文）的选题应从专业培养目标出发，题目应当具有综合性的特点，既能反映教学的基本要求，又要有一定的理论难度，更要达到综合训练、提高能力的目的。为此，应在满足教学基本要求的前提下，尽量结合工程和生产实际以及科学研究的任务进行。每届学生的毕业设计（论文）题目要一人一题，而且每年都要有四分之一的更新率。题目要从学生的实际水平和毕业设计（论文）时间的实际出发，既要考虑课题的综合性，又要在分量和要求上适度，保证在规定的时间内，经过努力能按时完成毕业设计（论文）任务。要注意调动指导教师的积极性，发挥教师的专长；要注意学生实际，因材施教。

（2）毕业设计（论文）题目要在系（教研室）内组织教师认真讨论，保证题目选准、选好，切实可行。题目由系（教研室）确定后，报学院审查批准。

（3）毕业设计（论文）题目确定后，学生在教师指导下，可采用自选与分配相结合的办法确定具体的题目。对一些有特殊爱好并且学业成绩优秀的学生，可允许自选题目，但要与专业密切相关，经学院批准，列入计划，并给予指导。

2. 时间

（1）进行毕业设计（论文）的时间，一般不少于 12 周，有条件的专业还可适当增加，具体安排方式要视课题任务的需要而定。

（2）各系（教研室）要尽可能提前一个学期安排落实毕业设计（论文）的指导任务。

1.5.2 课题调研（毕业实习）

根据教学计划与毕业设计（论文）题目的需要，可以安排课题调研（毕业实习）或短期参观学习，收集相关资料，但要注意密切结合毕业设计（论文）题目的要求，就地就近进行，讲求实效；毕业实习报告可作为毕业设计（论文）成绩评定的参考。

1.5.3 指导教师要求

（1）指导教师一般选派讲师（工程师）及以上有经验的教师担任。对初次担任指导工作的教师，教研室要指派有经验的教师具体指导，定期检查，帮助他们做好毕业设计（论文）的指导工作。

（2）如果毕业设计（论文）的题目来自校外有关单位，或由于学生人数、课题数目较多而指导力量不足时，可聘请外单位工程师及以上职称的技术人员参加指导工作。学院、系要派专人联系，了解进展情况，协助解决毕业设计（论文）进行过程中的有关问题。如有条件，共同参加指导工作。

（3）指导教师要根据毕业设计（论文）任务书和有关文件制定计划。内容应包括课题的任务、目的、要求和技术经济指标、工作详细内容、进行程序与日程安排、主要参考书刊、文献、总结报告等，并向学生下达任务，提出具体要求。

（4）指导教师要认真审阅学生拟定的工作计划和总体方案等。经常检查计划执行情况和进展程度，及时向学院、系汇报。

（5）负责毕业设计（论文）的答疑和指导。要注重学生能力的培养，启发学生的独创性，对毕业设计（论文）进行中的关键环节要把关。

（6）课题完成后，要求学生写出毕业设计（论文）报告，要求文字通顺、书写工整、计算准确、图表清晰整洁，要按学校毕业设计管理的有关规定严格执行，要按统一规定的格式要求，装订成册。

（7）毕业设计（论文）完成后，要向答辩委员会（组）汇报，对学生思想表现、工作能力、设计质量等写出评语，参加毕业设计（论文）的答辩和评分。

1.5.4 答辩

毕业设计（论文）完成后，要进行答辩。学生具备下列条件，方可参加答辩：

（1）按教学计划的要求，获得了规定的学分；

（2）按毕业设计（论文）任务书的要求，完成了毕业设计（论文）任务，并经指导教师审定签字；

（3）经评阅人评阅，并向答辩委员会推荐。

学院、系应成立毕业设计（论文）答辩委员会（组），课题有结合生产实际或科研任务的，答辩时应邀请有关单位的人员参加。

毕业设计（论文）评阅工作由学院、系负责组织。评阅人一般应聘请本专业、本学院的教师，也可以是本学科其他专业的教师，因特殊需要，可请校外人员评阅。

答辩前，学生要将所做的全套毕业设计（论文）文件、资料，请评阅人审阅，指导教师应向答辩委员会（组）简要报告学生在毕业设计（论文）工作中的情况，做好答辩前的准备工作。

答辩前，答辩委员会（组）要专门开会研究，统一答辩要求，明确评分标准等。

答辩时，除就课题中的有关问题进行质询外，还应考核学生掌握的与课题密切相关的基本知识、基本理论、基本设计及计算方法、实验方法、测试方法以及分析问题、解决问题的能力，答辩过程要进行记录。

答辩后，答辩委员会（组）要对毕业设计（论文）写出评语，并评定成绩。

在校外的生产、科研单位进行毕业设计（论文）的学生，须回校参加本专业的毕业设计（论文）答辩。

1.5.5 评分

评定毕业设计（论文）的成绩，采用五级记分制和评语相结合的办法，评语应包括下列内容：

（1）毕业设计（论文）是否达到任务书的要求，有何特点；

（2）设计的正确程度、实际意义、说明书和图纸质量等；论文的质量和文字表达能力等；

（3）对基本知识、基本理论、基本技能掌握和运用的程度，对计算机运用的熟练程度，理论联系实际的能力；

（4）独立工作能力。

综合评语经答辩委员会（组）各成员评定后，填入毕业设计（论文）任务书的有关项目栏内。

评分要严肃认真，坚持标准，实事求是，力求反映学生真实的学习水平。毕业设计（论文）成绩要单独评定，不受学生平时学习成绩的影响。评分由答辩委员会（组）以无记名投票或集体讨论的方式决定。

毕业设计（论文）成绩，待答辩全部结束后，经系审定，报学院审批后向学生公布。毕业设计（论文）成绩不及格的学生按学籍管理相关规定进行处理。

1.5.6　总结

毕业设计（论文）工作结束后，各学院、系要认真总结，积累经验，巩固成绩，改进工作，不断提高毕业设计（论文）的质量。

毕业设计（论文）工作的总结，由系负责汇总整理，学院审阅。

毕业设计（论文）材料要装订成册，由各学院保存。各专业可推荐部分质量较高、有独立见解或有创造性的毕业设计（论文），审查后，编辑出版学校的"优秀毕业设计（论文）选编"。

1.6　信息技术为依托的实训课程

1.6.1　信息技术对教师教学能力的要求

信息技术的发展正改变着人类社会的方方面面。信息技术在教育领域的应用，对于转变传统教育思想和观念，提高师资队伍的素质，促进教学模式、教学体系、教学内容和教学方法的改革，加速教育手段和管理手段的现代化，提高学生学习的积极性都具有重要的意义。伴随着现代信息技术的广泛应用，环境工程专业教学情境的变化、教育资源的极大丰富、教育机会的增多、教育手段的科学化都会对专业化教师的教学能力提出新的更高的需求，许多传统的能力在信息化教学环境中被赋予了新的涵义或更高的要求。教育观念（如课程观念、教学观念、学生观念、质量观念等）需要更新：信息素养（如信息意识与情感、信息知识、信息技术、信息道德等）、教学研究能力（如课程研究能力、教学活动规律研究能力、学生学习规律研究能力，教学实施评价规律研究能力等），以及教学实践能力（如果程资源开发利用实践能力、教学活动设计能力、教学活动调控能力、教学活动反思评价实践能力等）需要提升。

1.6.2　固体废物处理与处置工程实训网络教学系统

随着计算机信息处理技术和网络技术的迅猛发展，计算机硬件性能的提高及软件技术、网络技术和数据库技术的发展促进了工业的空前繁荣，成为最流行和最具潜力的信息查询、发布和交互方式，它的超文本特性、超媒体特性、与平台无关性、分布式特性、动态和交互式特性以及图形化和易于导航的特点为教学模式的革命性变革起到了至关重要的作用，被广泛地用于资源共享和技术共享，而且这些技术（如多媒体技术、数据库挖掘技术以及分布对象技术等）在教育方面的潜力越来越明显，尤其在开放式和远程式教学方面。因此，研究基于 Web 的信息处理技术在固体废物处理与处置工程实训教学中的应用，研究固体废物处理与处置工程信息资源的挖掘利用，构建基于 Web 的固体废物处理与处置工程实训教学平台，对于完善环境工程学科教学管理体制、改革环境工程学科教学管理机构、改进环境工程学科教学管理手段与工具、创新教学管理方法与教育教学模式、推进学科教学改革和应用型人才的培养有着至关重要的作用。构建"突出实训、兼顾实验、立足实战"三位一体的固体废物处理与处置工程实验教学体系，是固体废物处理与处置工程实训网络的重要组成部分，是以学生为中心，满足学生合作学习、探索学习要求，帮助学生获取专业知识、提升实际工作技能、发展信息素养和创新能力的重要手段。

固体废物处理与处置工程教育信息化，主要体现在计算机信息处理技术在固体废物处理与处置工程教育中的运用。基于计算机网络的信息处理技术已经且将继续对固体废物处理与处置工程教育产生深远影响。

自信息技术革命以来，随着我国计算机信息处理技术、网络技术和数据库技术的不断发展，计算机信息处理技术在环境领域的应用和研究也在不断深入，国内环境工程信息化建设取得了巨大的进步，逐渐形成了基于信息技术和数据库技术的环境类学术数据库、环境法规数据库、案例数据库以及宣传、办公、环境咨询援助等基于 Web 的环境类信息资源平台四类环境工程信息资源，主要表现在：

（1）环境工程类学术论文数据库；

（2）环境工程法规数据库；

（3）案例数据库；

（4）基于 Web 的环境工程类信息资源平台。

除了以上所提到的学术论文、法律法规、案例数据库外，基于 Web 的环境信息资源平台已经成为政府环保机构及企业、环境专家、教授等从业者发布相关信息的载体，也已成为当今人们获得相关信息和知识的重要渠道。

1. 网络实训教学系统

网络实训教学系统主要为教师在网上开展多媒体教学提供支持，一般具有以下功能：

（1）资源管理

提供对电子教材、视听资料、多媒体课件、教学大纲、教学计划、辅导材料、参考书、疑难问题解析、常见问题解答、综合实习、实验资料等其他网络教学资源的管理功能。

（2）教学管理

教师利用网上多媒体教学资源，在多媒体教室或网络教室开展多媒体教学服务。由于系统具有导航查询功能，可以帮助教师根据教学对象快速灵活地组织教学资源，能够实时高效地进行教学控制。

（3）作业管理

教师可以通过系统在网上布置作业，学生可以通过系统直接从网上获取作业题目，完成后通过网络提交，教师可对学生提交的作业进行批改，学生可以在线查询作业成绩。

（4）教学互动

通过电子邮件、公告牌、语音聊天等功能，可以在学生和教师之间实现多向异步在线交流，提供给学生充分的自主权和发言权，同学们可以针对课程的某些主题在网上展开讨论，各抒己见，所有的学生都可以在线看到这些讨论，并从中获得启发和受益。

（5）辅导答疑

通过电子白板，学生可向教师提出问题，教师定期在网页上公布典型解答，使传统意义上的辅导答疑不再受时间和地点的限制。

（6）教师工作室

主要为教师开展网上教学活动提供不间断的技术支持。教师可以在工作室中利用提供的各类软件工具和友好的操作界面，对授课要点、网上教材、教学信息、学习进度和课外讨论区等进行更新维护。

（7）自我学习

通过应用灵活多样的导航技术，为注册学生自主地选学必修或相关课程及内容提供快速确定路径的方式，并由学生通过检索链接数据库服务器上相关的多媒体软件构建自身知识结构，以实现自主式个别化学习。

（8）在线考试

提供在线考试功能，系统在服务器中建立题库，可以根据学生的需要选择试题或自动组题，进行模拟考试，学生对试题给出解答，教师对学生的考试结果进行评价。

2. 教学课件管理系统

多媒体教学课件是开展多媒体教学的基础。教学课件管理系统为教师提供了集成化的多媒体课件开发环境，环境配有集成化多媒体课件开发工具。系统针对不同学科的课件建设特点，提供可以直接套用的模板，并提供相应多媒体素材的支持，使多媒体课件开发者利用这些丰富的资源，使用简单的教学设计模板，通过较短时间的学习，就能够轻松完成课件的编制工作。系统主要具备课件总体规划、媒体素材组合、基本页面制作、课件数据库开发以及课件合成发布等功能。

通过采用 Web 信息处理技术，实现教学管理数据信息的共享，通过采用数据挖掘技术，实现对现有固体废物处理与处置工程信息资源的共享，为固体废物处理与处置工程实训教学提供支持。通过采用这种实训教学模式，达到以下实训教学目的：使学生成为学习的主体。在模拟固体废物处理与处置工程实训教学过程中，学生必须像工程师那样设计工艺参数、考虑工程可行性。他们的角色已经不是学生，而是实践工作者。模拟固体废物处理与处置工程实训教学是一种系统的全过程的训练。

3. 系统运行环境设计

（1）服务器硬件环境

1）数据库服务器：至强双核 CPU 的专业服务器，内存 2M 以上。如 IBM、HP、DELL、浪潮，等等。

2）Web 程序服务器：双核 CPU 的专业服务器，内存 2M 以上。如 IBM、HP、DELL、浪潮、联想，等等。

（2）学生机硬件环境

1）操作系统：Microsoft WindowsXP、 Microsoft Windows2000 或更高版。

2）浏览器：Internet Explorer6.0 以上。

实训平台网络拓扑结构如图 1-2 所示。

实训系统如图 1-3 所示。

实训教学数据库体系结构如图 1-4 所示。

1.6.3 固体废物处理与处置工程实训网络教学平台内容

1. 实验教学视频

实验课程按照实验项目单独制作成影音格式。通过剪辑、Flash 等技术，以学生完成实验为记叙顺序，从实验原理、实验目的、实验设备与器材、实验步骤、实验中存在问题等几个方面全面介绍一个实验，学生通过观看视频，形象和直观地掌握实验要求的基本技能和相关实验内容。此外，该视频系统的内容还包括科研实验的内容。为了让学生掌握最前沿的学科科研动态，利用环境工程先进的科研平台和重大科研项目，将其进行研究的各

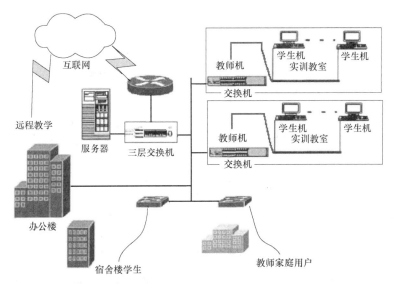

图 1-2　实训平台网络拓扑结构示意图

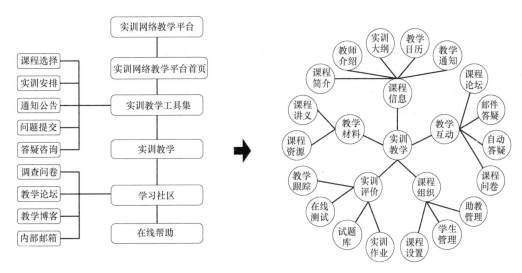

图 1-3　实训系统示意图

个项目和工艺录制成影音文件,使前沿科研走入专业的实践教学中。

2. 实验立体化教材

在纸质教材的基础上,完成立体化教材的建设。完成主教材的电子呈现形式,将工程问题引入到实验中成为单独部分,进而将主教材分成物理化学、生物模块和工程综合模块三部分。集中建设多媒体实验教材、网络课程以及资料库。形成一个能够让师生更加方便,使学生更加自主学习的教学环境。

3. 实践教学试题库

固体废物处理与处置工程实训教学的考核分为三部分:实训技能和表现、实训报告的书写和数据处理、答辩。如果学生没有真正掌握实训,很难在答辩环节圆满回答带有随机性的问题。为此,将纸质教材每个实训的思考题编入试题库,同时,针对实验过程和现象

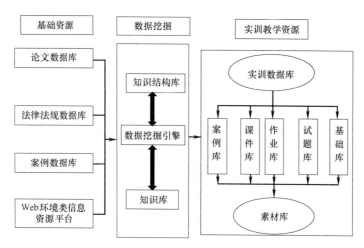

图 1-4 实训教学数据库体系结构示意图

编制大量思考题进入试题库，启发学生的思索。实践教学试题库同时支持辅导功能，建立难点解析和重点分析等环节，帮助学生深入理解实践环节所涉及的知识。

4. 仿真案例模拟

生活垃圾堆肥工艺操作实习仿真软件，通过模拟湿度、C/N、pH 值等工艺参数，了解堆肥工艺技术参数对堆肥化过程的影响。垃圾焚烧处理厂废气处理操作实习仿真软件。废弃物热力氧化焚烧工艺仿真，根据废弃物的焚烧工艺，建立动态数学模型，针对性地开发出仿真软件，该软件主要模拟通过热力氧化焚烧工艺处理来自上游装置产生的废水、废油以及塔顶和储罐顶的废气。

随着信息技术和互联网技术的发展，人们越来越多地从互联网上获得更多的信息和知识，互联网的出现极大地提高了人们获取、筛选、加工、储存、提取、发布信息的能力。这些信息资源多数可被用于教学实践当中，这里给大家列举一些网站的网址，希望给大家一些帮助。

中国知网：http：//www.cnki.net

中华人民共和国环境保护部：http：//www.zhb.gov.cn

第2章 固体废物管理政策法规与社会调查

当您走上工作岗位之后，您很可能成为一名环境综合管理部门的负责人，也可能成为一名环境科学的研究者……，无论您从事什么工作，都需要了解国家关于固体废物管理的法律、法规、技术政策、经济政策，都需要进行社会调查。因为，政策法规是固体废物管理的根本保证，社会调查是获取信息的重要手段，是环境专业学生应该具备的基础知识和基本技能。采用社会调查的手段，可以了解市民对相关政策法规的理解程度以及对城市生活垃圾处理与处置的认识水平和行为表现，获取关于固体废物处理与处置现状的相关信息，并通过分析研究提出科学合理的实施方案。本章通过对固体废物管理的法律、法规、政策的简单叙述以及案例分析与实践活动，您将获得固体废物综合管理的相关知识，并学会设计调查问卷及社会调查的技术。

学习目标

通过本章的学习，您将能够：

（1）了解固体废物管理的法律法规和标准体系；建立"三化"、"全过程"、"循环经济"固体废物管理的概念；

（2）学习做社会调查的技术及处理信息的科学思维方法，如设计问卷、访谈、收集相关信息、分类与比较、分析综合、推理论证等；

（3）了解不同群体对国家固体废物管理体系政策法规的理解程度以及环境保护的意识。

学习内容

2.1 固体废物管理体系政策法规

2.2 实训活动：社会调查

学习时间

2学时。

学习方式

第1学时自学相关内容，第2学时设计调查问卷并交流，社会调查活动在课后进行。

需要的材料

本章的学习您需要利用网络资源支持：中华人民共和国环境保护部 http：//www.zhb.gov.cn

2.1 固体废物管理体系政策法规

城市化进程的加快及城市人口和经济的快速增长，致使城市生活固体废物的数量急剧增加，固体废物的构成成分日趋复杂，固体废物的物理化学性质也发生了变化。随着人们生活水平的提高，其对高品质的生活环境需求不断上升。传统的固体废物处理与处置方式，如填埋、焚烧和堆肥技术潜在的环境负效应日益体现出来，传统的以末端处理为主的城市生活固体废物管理模式已难以适应当前社会发展的需要。面对新的形势，人们需要更新观念，形成新的理念，探寻新的固体废物管理模式，出台新的政策法规，确保城市建设实现可持续发展、循环经济、生态节约型的目标。据此，在以生活固体废物源头减量化、处理过程中的资源化和无害化为目标的可持续发展的废物综合管理（Integrated Solid Waste Management，ISWM）理念的指导下，各个国家新的固体废物综合管理模式及政策法规应运而生。这些政策法规充分认识到固体废物的处理与处置是全民性的社会工作，每一个公民都是固体废物处理与处置的利益相关者。它需要所有利益相关者都参与固体废物综合管理的全过程，即从固体废物的产生到最终处置，参与固体废物减量、循环利用、重复利用和资源回收等工作，增强环境保护意识，履行公民职责，对系统的各个方面（如机构、财务、监管、社会和环境方面）进行监督，维护政策法规的严肃性，确保各项管理政策法规的法律约束性、经济有效性及环境公平性，促使固体废物综合管理一步一步走向社会化、市场化。

2.1.1 我国固体废物管理体系

世界各国的固体废物管理法规都经历了一个漫长的、从简单到完善的过程。美国1965年制定的《固体废物处置法》是第一个关于固体废物的专业性法规，该法1976年修改为《资源保护及回收法》，并分别于1980年和1984年经美国国会加以修订，日臻完善。我国固体废物管理体系的构建，是运用环境管理的理论和方法以及相关的技术经济政策和法律法规，对固体废物的产生、收集、运输、贮存、处理、利用和处置等各个环节都实行控制管理，并开展污染防治，鼓励废物资源化利用，以促进经济和环境的可持续发展。1995年颁布的《中华人民共和国固体废物污染环境防治法》（简称《固废法》），于2004年12月29日修订通过，并于2005年4月1日开始执行，2013年6月29日对2004年《固废法》进行了修订。

《固废法》第三条明确规定："国家对固体废物污染环境的防治，实行减少固体废物的产生量和危害性、充分合理利用固体废物和无害化处置固体废物的原则，促进清洁生产和循环经济发展。

国家采取有利于固体废物综合利用活动的经济、技术政策和措施，对固体废物实行充分回收和合理利用。

国家鼓励、支持采取有利于保护环境的集中处置固体废物的措施，促进固体废物污染环境防治产业发展"。

《固废法》第六条规定："国家鼓励、支持固体废物污染环境防治的科学研究、技术开发、推广先进的防治技术和普及固体废物污染环境防治的科学知识。

各级人民政府应当加强防治固体废物污染环境的宣传教育，倡导有利于环境保护的生产方式和生活方式。"

《固废法》第七条规定："国家鼓励单位和个人购买、使用再生产品和可重复利用产品"。

《固废法》还明确规定了各个主管部门的主要工作内容。按固体废物管理程序，这一管理体系主要包括以下管理内容：

（1）产生者。对于固体废物产生者，要求其按照有关规定，将所产生的废物分类，并用符合法定标准的容器包装，做好标记，登记记录，建立废物清单，待收集运输者运出。

（2）容器。对不同的固体废物要求采用不同容器包装。为了防止暂存过程中产生污染，容器的质量、材质、形状应能满足所装废物的标准要求。

（3）贮存。贮存管理是指对固体废物进行处理处置前的贮存过程实行严格控制。

（4）收集运输。收集管理是指对各厂家的收集实行管理。运输管理是指收集过程中的运输和收集后运送到中间贮存处或处理处置厂（场）的过程所需实行的污染控制。

（5）综合利用。综合利用管理包括农业、建材工业、回收资源和能源过程中对于废物污染的控制。

（6）处理处置。处理处置管理包括对有控堆放、卫生填埋、安全填埋、深地层处置、深海投弃、焚烧、生化解毒和物化解毒等过程的污染控制。

2.1.2 固体废物管理的技术政策

我国于20世纪80年代中期提出将"无害化"、"减量化"、"资源化"的三化管理及"全过程"管理和危险废物优先管理作为控制固体废物污染的技术政策，并确定在今后较长一段时间内应以"无害化"为主。我国固体废物处理利用的发展趋势必然是从"无害化"走向"资源化"，"资源化"是以"无害化"为前提的，"无害化"和"减量化"则应以"资源化"为条件。

1. 无害化管理

固体废物无害化管理旨在从输出端进行控制，是指将固体废物通过工程处理，达到不损害人体健康、不污染周围自然环境的目的。目前，已有多种技术在固体废物无害化处理中得到了应用，如垃圾的焚烧、堆肥、填埋及有害废物的热处理和解毒处理等。在对固体废物进行无害化处理时，必须认识到各种无害化处理技术的通用性是有限的，它们的优劣程度往往不是由技术、设备条件本身所决定。以城市生活垃圾处理为例，焚烧处理确实不失为一种先进的无害化处理方法，但它必须以垃圾含有高热值和可能的经济投入为条件，否则就没有实用意义。

2. 减量化管理

固体废物减量化管理旨在从输入端进行控制，是指通过适宜的手段减少固体废物数量、减小其体积、降低其危害性。这就需要对固体废物进行处理利用，并从生产源头控制以减少废物产生。固体废物的压实、破碎、焚烧处理是减小固体废物体积的有效方法。如生活垃圾经焚烧处理，体积可减少80%～90%。减少固体废物的产生属于物质生产过程的前端，需从资源的综合开发和生产过程中物质资料的综合利用着手。从资源开发利用与环境保护的发展趋势看，世界各国为解决人类面临的资源、人口、环境三大问题，越来越注意资源的合理利用。人们对综合利用范围的认识，已从物质生产过程的末端（废物利用）向前扩展到物质生产过程的前端（自然资源开发）。因此，要实现减量化，就必须采用经济合理的综合利用工艺和技术，制定科学的资源消耗定额等措施，把综合利用贯穿于自然资源开发和生产过程中物质资料与废物综合利用的全过程。

3. 资源化管理

固体废物资源化管理旨在从过程上进行控制，是指采取工艺技术从固体废物中回收有用的物质与能源，故也有人将固体废物说成是"再生资源"或"二次资源"或"放错地点的原料"。广义的资源化包括物质回用、物料转换和能量转换三个方面的内容。

近 40 年来，世界资源正以惊人的速度被开发和消耗，有些资源已经接近枯竭。有资料显示，世界石油资源按已探明的储量和消耗量的增长速度推算，只需五六十年将耗去全部储量的 80％；世界煤炭资源按已探明的储量和消耗量推算，也将在 2350 年耗去储量的 80％。欧洲国家把固体废物资源化作为解决固体废物污染和能源紧张的方式之一，将其列入国民经济政策的一部分，投入巨资进行开发。

我国资源形势十分严峻。第一，资源总量丰富，但人均资源不足，人均占有量仅为世界人均水平的 1/2。第二，资源利用率低，浪费严重，很大一部分资源没有发挥效益就变成了废物。近几十年来，我国走的是一条资源消耗型发展经济的道路。第三，废物资源利用率很低。以工业固体废物为例，1991 年的利用率仅为 18.6％，固体废物的大量积压给环境带来巨大的威胁，由此造成的直接经济损失每年达 300 亿元以上。综上所述，实现固体废物资源化已经是人类生存所必须解决的新课题。

4.“全过程”管理

由于固体废物本身往往是污染的“源头”，故需对其产生、收集、运输、综合利用、处理、贮存、处置实行全过程管理，在每一环节都将其作为污染源进行严格的控制。

5. 危险废物优先管理

由于危险废物危害性较大，因此对危险废物实施优先控制。

2.1.3 固体废物管理的经济政策

固体废物管理的经济政策随各个国家的国情不同而有较大差别。普遍采用的经济政策主要有排污收费政策、生产者责任制政策、押金返还政策、税收信贷优惠政策和垃圾填埋费政策等。

1. 排污收费政策

排污收费是根据固体废物的特点，征收总量排污费和超标排污费。排污收费政策是国内外环境保护最基本的经济政策之一。我国实行的是“谁污染谁治理”的环境保护政策。也就是说，谁排放污染物污染了环境，谁就必须承担相应的社会责任，花钱治理，或交纳一定的费用由专门的环境保护企业治理。固体废物产生者除了需承担正常的排污费外，如超标排放废物，还需额外负担超标排污费，以促使企业加强废物管理，减少废物的产生，减轻对环境的污染。因此，排污收费政策是一项促使固体废物“减量化”的重要经济政策。

2. 生产者责任制政策

生产者责任制是指产品的生产者（或销售者）对其产品被消费后所产生的废物的管理负有责任。经济发达国家对易回收废物、有害废物等一般都制定了再生利用的专项法规或者强制回收政策。例如，对包装废物，规定生产者首先必须对其商品所用包装的数量或质量进行限制，尽量减少包装材料的用量；其次，生产者必须对包装材料进行回收和再生利用。

3. 押金返还政策

押金返还政策是指消费者在购买产品时，除了需要支付产品本身的价格外，还需要支付一定数量的押金。产品被消费后，其产生的废物返回到指定地点时，可赎回已支付的押金。押金返还政策是国外广泛采用的经济管理手段之一。对易回收废物、有害废物等，采取押金返还政策可鼓励消费者参与物质的循环利用、减少废物的产生量和避免有害废物对环境的危害。

4. 税收、信贷优惠政策

税收、信贷优惠政策就是通过税收的减免、信贷的优惠，鼓励和支持从事固体废物管理的企业，促进环境保护产业长期稳定的发展。固体废物的管理可获得明显的社会效益和环境效益，但其经济效益相对较低，甚至完全没有。所以，就需要国家在税收和信贷等方面给予政策优惠，以支持相关企业和鼓励更多的企业从事这方面的工作。例如，对回收废物和出售资源化产品的企业减免增值税，对垃圾的清运、处理、处置、已封闭垃圾填埋场地的地产开发实行财政补贴，对固体废物处理与处置工程项目给予低息或无息优惠贷款等。

5. 垃圾填埋费政策

垃圾填埋费是指对进入垃圾填埋场最终处置的垃圾进行再次收费，其目的在于鼓励废物的回收利用，提高废物的综合利用率，以减少废物的最终处置量，同时也是为了解决填埋土地短缺的问题。垃圾填埋费政策是用户付费政策的继续，它是对垃圾采用填埋方式进行限制的一种有效的经济管理手段。这种政策在欧洲国家使用较为普遍。

2.1.4 固体废物管理的法律法规

我国有关固体废物管理的法律法规大致可分为国家法律、行政法规和签署的国际公约三个方面。

1. 国家法律

我国颁布的《中华人民共和国固体废物污染环境防治法》（简称《固废法》）是我国在固体废物管理方面最重要的国家法律。《固废法》全文共分 6 章，包括总则、固体废物污染环境防治的监督管理、固体废物污染环境的防治、危险废物污染环境防治的特别规定、法律责任和附则。《固废法》根据中国的实际情况，并借鉴了国外固体废物管理的经验，提出了我国固体废物污染防治的主要原则，即对固体废物实行全过程管理，对固体废物实行减量化、资源化、无害化，对危险废物实行严格控制和重点防治等。

2. 行政法规

除《固废法》外，国家环境保护总局和有关部门还单独颁布或联合颁布了一系列的行政法规。例如，《城市市容和环境卫生管理条例》、《城市生活垃圾管理办法》、《关于严格控制境外有害废物转移到我国的通知》、《防治尾矿污染环境管理规定》、《关于防治铬化合物生产建设中环境污染的若干规定》、《固体废物进口管理办法》、《固体废物鉴别导则》、《医疗废物管理条例》、《电子废物污染环境防治管理办法》、《废弃危险化学品污染环境防治办法》、《危险废物转移联单管理办法》等。这些行政法规都是以《固废法》中确定的原则为指导，结合具体情况，针对某些特定污染物制定的，它们是《固废法》在实际中的具体应用。

3. 国际公约

目前，环境污染已不再是某个国家的问题，而是一个全球性的问题。另外，随着我国加入世界贸易组织，我国将越来越多地参与国际范围内的环境保护工作，已签署并将继续签署越来越多的国际公约。例如，1985 年 12 月对我国生效的《防止倾倒废物及其他物质污染海洋的公约》，1990 年 3 月我国政府签署的《控制危险废物越境转移及其处置巴塞尔公约》。

2.1.5 固体废物管理的技术标准

我国固体废物国家标准基本由国家环境保护部与住房和城乡建设部在各自的管理范围内制定。住房和城乡建设部主要制定有关垃圾清运、处理处置方面的标准；国家环保部负责制定有关废物分类、污染控制、环境监测和废物利用方面的标准。经过多年的努力，我国已初步建立了固体废物标准体系，主要包括固体废物分类标准、固体废物监测标准、固体废物污染控制标准和固体废物综合利用标准四大类。

1. 固体废物分类标准

固体废物分类标准主要用于对固体废物进行分类。例如，《国家危险废物名录》等。

2. 固体废物监测标准

固体废物监测标准主要用于对固体废物环境污染进行监测。主要包括固体废物的样品采制、样品处理以及样品分析标准等。这些标准主要有《危险废物鉴别标准 急性毒性初筛》GB 5085.2—2007、《生活垃圾卫生填埋场环境监测技术要求》GB/T 18772—2008 等。

3. 固体废物污染控制标准

固体废物污染控制标准是对固体废物污染环境进行控制的标准。它是进行环境影响评价、环境治理、排污收费等管理的基础，因而是所有固体废物标准中最重要的标准。固体废物污染控制标准分为两大类：一类是废物处理处置控制标准，即对某种特定废物的处理处置提出的控制标准和要求，如《含多氯联苯废物污染控制标准》GB 13015—2017、《建筑材料放射性核素限量》GB 6566—2010 等；另一类是废物处理设施的控制标准，如《生活垃圾填埋场污染控制标准》GB 16889—2008、《生活垃圾焚烧污染控制标准》GB 18485—2014、《危险废物填埋污染控制标准》GB 18598—2001、《一般工业固体废物贮存、处置场污染控制标准》GB 18599—2001 等。

4. 固体废物综合利用标准

固体废物资源化在固体废物管理中具有重要的地位。为了大力推行固体废物综合利用技术，并避免在综合利用过程中产生二次污染，国家环保部已经和正在制定一系列有关固体废物综合利用的规范、标准。如《中华人民共和国循环经济促进法》、《报废汽车回收管理办法》等。

我国已发布的代表性城市垃圾处理技术标准见表 2-1～表 2-6。

工程建设标准　　　　　　　　　　　　表 2-1

标准名称	标准编号
生活垃圾卫生填埋处理工程项目建设标准	建标 124—2009
生活垃圾焚烧处理工程项目建设标准	建标 142—2010
生活垃圾堆肥处理工程项目建设标准	建标 141—2010
生活垃圾填埋场封场工程项目建设标准	建标 140—2010
小城镇生活垃圾处理工程建设标准	建标 149—2010
生活垃圾收集站建设标准	建标 154—2011
生活垃圾综合处理工程项目建设标准	建标 153—2011
生活垃圾转运站工程项目建设标准	建标 117—2009

污染控制标准 表 2-2

标准名称	标准编号
生活垃圾填埋场污染控制标准	GB 16889—2008
生活垃圾焚烧污染控制标准	GB 18485—2014
恶臭污染物排放标准	GB 14554—1993

工程设计技术规范 表 2-3

标准名称	标准编号
生活垃圾卫生填埋处理技术规范	GB 50869—2013
生活垃圾填埋场填埋气体收集处理及利用工程技术规范	CJJ 133—2009
生活垃圾卫生填埋场岩土工程技术规范	CJJ 176—2012
生活垃圾填埋场渗滤液处理工程技术规范	HJ 564—2010
生活垃圾焚烧处理工程技术规范	CJJ 90—2009
生活垃圾堆肥处理技术规范	CJJ 52—2014
垃圾焚烧袋式除尘工程技术规范	HJ 2012—2012
袋式除尘工程通用技术规范	HJ 2020—2012
生活垃圾转运站技术规范	CJJ/T 47—2016
餐厨垃圾处理技术规范	CJJ 184—2012
生活垃圾渗沥液处理技术规范	CJJ 150—2010

运行维护技术规程 表 2-4

标准名称	标准编号
生活垃圾卫生填埋场封场技术规范	GB 51220—2017
生活垃圾应急处置技术导则	RISN-TG005—2008
生活垃圾焚烧厂运行维护与安全技术规程	CJJ 128—2009
生活垃圾收集站技术规程	CJJ 179—2012
生活垃圾卫生填埋气体收集处理及利用工程运行维护技术规程	CJJ 175—2012
生活垃圾卫生填埋场运行维护技术规程	CJJ 93—2011

评价标准 表 2-5

标准名称	标准编号
生活垃圾堆肥厂评价标准	CJJ/T 172—2011
生活垃圾焚烧厂评价标准	CJJ/T 137—2010
生活垃圾转运站评价标准	CJJ/T 156—2010
城市道路清扫保洁质量与评价标准	CJJ/T 126—2008
生活垃圾焚烧厂安全性评价技术导则	RISN-TG 010—2010
生活垃圾填埋场稳定化场地利用技术要求	GB/T 25179—2010
生活垃圾综合处理与资源利用技术要求	GB/T 25180—2010
生活垃圾卫生填埋场环境监测技术要求	GB/T 18772—2008

标准名称	标准编号
生活垃圾采样和分析方法	CJ/T 313—2009
垃圾源臭气实时在线检测设备	CJ/T 465—2015
好氧堆肥氧气自动监测设备	CJ/T 408—2012
生活垃圾收集站压缩机	CJ/T 391—2012
堆肥自动监测与控制设备	CJ/T 369—2011
垃圾填埋场用高密度聚乙烯管材	CJ/T 371—2011
垃圾填埋压实机	GB/T 27871—2011
生物分解塑料垃圾袋	GB/T 28018—2011
生活垃圾转运站压缩机	CJ/T 338—2010
生活垃圾渗滤液碟管式反渗透处理设备	CJ/T 279—2008
垃圾填埋场用线性低密度聚乙烯土工膜	CJ/T 276—2008
垃圾填埋场压实机技术要求	CJ/T 301—2008
土工合成材料 塑料土工格栅	GB/T 17689—2008

2.2 实训活动：社会调查

2.2.1 认识社会调查

社会调查是环境类专业学生走出学校、走向社会、走向施工现场，获取关于固体废物处理与处置信息的重要手段，是重要的实践活动。通过调查，您将能够掌握所在地区关于固体废物产生、收集、运输、破碎、分选、压实、固化、焚烧、热解、生物化处理以及最终处置的各个环节的现状，通过分析研究，提出科学合理的实施方案。

（1）社会调查是一种有目的、有计划的活动，需要有严格的程序。就调查过程的顺序而言，大致可以分为四个步骤：一是调查前的准备工作，包括确定调查课题、选取调查对象、草拟调查提纲、制定调查计划、调查工作的组织领导；二是实际调查，收集资料；三是整理资料；四是撰写调查报告。

常用的调查方法有：开调查会（也叫座谈会）、访谈、发问卷、填调查表等。

（2）本次实训活动采用的是问卷调查的方法。问卷调查是调查者用书面或通信形式收集资料的一种手段，即调查者就调查项目编制成问题或表式，分发给有关人员，请求填写答案，然后收回整理、统计和研究。

为了提高问卷的信度和效度，需注意以下两点：

一是要下功夫编制好问卷。问卷内容要简明，不得含糊其辞；问卷题目数量要适度，不得过多，也不能太少。既要考虑调查者的需要，也要考虑回答者是否可能回答。问卷编制好以后，最好先做小规模的尝试性调查，发现问题，及时修改，然后再分发。问卷也可以采用专家咨询的方法设计。

二是分发问卷需附一信或在卷首说明调查的目的、意义及对回答者的具体要求。

（3）本次问卷调查的课题是：城市生活垃圾的污染与危害。

（4）本次问卷调查的对象是：社区内的不同群体。

（5）本次问卷调查的目的是：调查某区市民对城市生活垃圾处理与处置的认识和行为；统计问卷，作出图表，针对现状，提出意见和建议；以调研报告的形式作为最终成果。

说明：调查题目也可以自主确定，题目不宜过大，应该是在有限的时间内可以完成的。如

1）××社区固体废物收集及运输规划实例调查。

2）××企业固体废物破碎与筛选现状调查。

3）××社区公民对固体废物分类收集的认识与现状调查。

4）××污水处理厂城市污泥资源化处理现状调查。

5）学校餐厨垃圾处理现状调查与建议。

2.2.2 调查问卷设计案例

××市××区市民对固体废物处理与处置状况调查问卷

尊敬的女士先生们：你们好！

我们是××大学环境工程专业的学生。本次调查是学校组织的一次实践活动，目的是为了进一步了解××区市民对固体废物的理解以及××区垃圾分类和处理的具体情况，提高我们的实践能力。此次调查问卷采用不记名方式，仅供内部参考，非常感谢各位在百忙之中的支持与配合，谢谢！（请在合适的选项前的方框内打勾，以下问题可以多选）

1. 请您估计一下家里平均每天产生的垃圾的质量：

□0.5kg　□1.5kg　□2kg　□2.5kg　□3kg

2. 您家里处理生活垃圾的方式有：

□未出售也未分类，全部投放到垃圾箱

□除废品出售外再分类后投放到垃圾箱

□除废品出售外其余全部投放到垃圾箱

3. 如果您家附近的垃圾箱是分类垃圾箱，您是将自家垃圾分类投入分类垃圾箱中吗？

□愿意　　□基本愿意　　□别人怎样我就怎样　　□不管

4. 请问购物时拿回家的塑料袋您怎样处理？

□随手扔掉　　　　　　　□压缩成团后扔掉

□将其收集好下次利用　　□其他

5. 您愿意用布袋代替塑料袋，减少塑料袋对环境的污染吗？

□愿意　　　　　　　□有人提倡，可以这样做

□感觉很不方便　　　□不愿意

6. 您对垃圾分类回收利用有何看法？

□是每位公民应尽的义务，要积极参与

□是环保部门的事，与我无关

□没必要，这样对保护环境并没什么帮助

7. 您知道哪些垃圾属于危险废物吗？

□电池　　　□医疗废物　　　□餐厨垃圾

□电镀污泥　　　□枯枝落叶

8. 您认为垃圾回收实施过程中的困难有哪些?

□公众环保意识淡薄　　　　　□设施不完善

□宣传力度不够　　　　　　　□公众对垃圾分类回收了解甚少

□职能部门规划不力

9. 您认为××区的固体废物哪种占得比重最大?

□生活垃圾　　　　　　　　　□医疗废物

□建筑垃圾　　　　　　　　　□工业垃圾

10. 您知道××区日常垃圾最终的处理收集地点吗?

□知道

□不知道

11. 您知道××区垃圾最终处置方式有哪些吗?

□填埋

□焚烧

□堆肥

□不清楚

您的性别——□男　　　　　□女

您的年龄——

文化程度——□本科及以上　□高中　□初中　□其他

家庭常住人口—

第3章　固体废物的分类与分析、采样与制样实验

固体废物实质上是"放错地方的资源"。在任何生产或生活过程中，所有者对原料、商品或消费品往往仅利用了其中某些有效成分，而对于原所有者不再具有使用价值的大多数固体废物中仍含有其他生产行业中需要的成分，经过一定的技术处理，可以转变为有关部门行业中的生产原料，甚至可以直接使用。固体废物的处理与处置提倡资源的社会再循环，目的是充分利用资源，增加社会效益和经济效益，减少废物处置的数量，以利于社会发展，实现废物资源化的目标。固体废物的分类与分析，是实现废物资源化的前提，采样与制样是进行各种实验所必须具备的基本技能。通过本章的学习与实验操作，您将对固体废物具有哪些特征、是如何产生的、又是通过哪些途径对环境进行污染的、如何控制等问题有所了解；将对固体废物采样与制样以及固体废物特性分析实验的方案设计、使用的仪器工具、方法、操作程序等有一个较为全面的了解，为今后的实训活动奠定坚实的基础。

学习目标

本章内容学习完成后，您将能够：

(1) 认识固体废物的分类、来源和组成；

(2) 掌握固体废物采样方案的设计、工具、方法；

(3) 掌握固体废物制样方案设计、制样技术；

(4) 掌握固体废物有机质、总磷的测定方法。

学习内容

3.1　固体废物的分类与分析规则

3.2　固体废物的采样与制样

3.3　实训活动：实验

学习时间

5学时。

学习方式

第1学时自学3.1节和3.2节的内容；第2～5学时根据学校实验条件和学时要求，选择其中的部分实验进行实训活动。

需要的材料

中华人民共和国环境保护部 http：//www.zhb.gov.cn 以及相关规范要求。

3.1　固体废物的分类与分析规则

3.1.1　固体废物的分类

固体废物可按来源、性质、污染特性、形态等，从不同角度进行分类。按化学组成，可分为有机废物和无机废物；按可燃性，可分为可燃废物和不可燃废物；按形态，可分为

固体废物、半固体废物、液态和气态废物（置于容器中）；按污染特性，可分为一般废物和危险废物。在我国，普遍采用的是按废物来源分类，据此，可把固体废物分为城市固体废物、工业固体废物、农业固体废物和危险废物四大类。其中危险废物是指列入国家危险废物名录或根据国家规定的危险废物鉴别标准和鉴别方法认定的具有危险特性的废物。这类废物具有急性毒性、易燃易爆性、反应性、腐蚀性、浸出毒性和疾病传染性，需妥善处理。固体废物合理分类是实现资源化的前提，固体废物的采样与制样实验、固体废物的有机质及总磷测定是环境专业学生必须掌握的基本技能。

3.1.2 固体废物的来源和组成

固体废物的来源和主要组成物见表 3-1。

固体废物的来源和主要组成物 表 3-1

分类	来源	主要组成物
城市固体废物	居民生活	指家庭日常生活中产生的废物，如食物垃圾、纸屑、衣物、庭院修剪物、金属、玻璃、塑料、陶瓷、炉渣、灰渣、碎砖瓦、废器具、粪便、杂品等
	商业、机关	指商业、机关日常工作过程中产生的废物，如废纸（板）、食物、管道、碎砌体、沥青及其他建筑材料、废汽车、废电器、废器具及含有易爆、易燃、腐蚀性的废物，以及类似居民生活栏内的各种废物
	市政维护与管理	指市政设施维护和管理过程中产生的废物，如碎砖瓦、树叶、死禽死畜、金属、锅炉灰渣、污泥等
工业固体废物	冶金工业	指各种金属冶炼和加工过程中产生的废物，如高炉渣、钢渣、铜铅铬汞渣、赤泥、废矿石、烟尘等
	矿业	指各类矿物开发、加工利用过程中产生的废物，如废矿石、煤矸石、粉煤灰、烟道灰、炉渣等
	石油与化学工业	指石油炼制及其产品加工、化学工业产生的固体废物，如废油、浮渣、含油污泥、炉渣、塑料、橡胶、陶瓷、纤维、沥青、石棉、涂料、化学药剂、废催化剂和农药等
	轻工业	指食品工业、造纸印刷、纺织服装、木材加工等轻工部门产生的废物，如各类食品糟渣、废纸、金属、皮革、塑料、橡胶、布头、线、纤维、染料、刨花、锯末、碎木、化学药剂、金属填料等
	机械电子工业	指机械加工、电器制造及其使用过程中产生的废物，如金属碎料、铁屑、炉渣、模具、砂芯、润滑剂、酸洗剂、导线、玻璃、木材、橡胶、塑料、化学药剂、研磨料、陶瓷、绝缘材料、废旧汽车、电冰箱、微波炉等
	建筑工业	指建筑施工、建材生产和使用过程中产生的废物，如钢筋、水泥、黏土、陶瓷、石膏、石棉、砂石、砖瓦、纤维板等
	电力工业	指电力生产和使用过程中产生的废物，如煤渣、粉煤灰、烟道灰等
农业固体废物	种植业	指作物种植生产过程中产生的废物，如稻草、麦秸、玉米秸、根茎、落叶、烂菜、农用塑料、农药等
	养殖业	指动物养殖生产过程中产生的废物，如畜禽粪便、死禽死畜、死鱼死虾、脱落的羽毛等
	农副产品加工业	指农副产品加工过程中产生的废物，如畜禽内容物、鱼虾内容物、未被利用的菜叶、菜梗和菜根、稻壳、玉米芯、瓜皮、果皮、果核、贝壳、皮毛等

分类	来源	主要组成物
危险废物	化学工业、医疗单位、科研单位等	主要为来自于化学工业、医疗单位、制药业、科研单位等产生的废物，如粉尘、污泥、医院使用过的器械和产生的废物、化学药剂、制药厂药渣、炸药、废油等

3.2 固体废物的采样与制样

3.2.1 固体废物的采样

固体废物采样分析就是从大量废物中取出少量具有代表性的样品，由样品分析得出的数据推测出整体废物的特性。所谓样品代表性（representativeness of samples）是指样本（由若干样品组成）的观测结果与取样对象或取样总体的实际情况的符合程度。由于大多数废物都是呈不均匀状态的，通过抽取若干样品所得结果与取样对象（或取样总体）的真实情况肯定是有差异的，差异越小，越能正确反映取样对象的实际特点，则样品的代表性越大。它对取样工作的质量有重要意义。为了从总体上反映废物的特点，就必须系统地从中采集足够数量的样品。样品代表性一方面取决于取样对象的变化情况，例如有用组分在废物中的分布均匀程度；同时还取决于样品的数量、几何特征和分布情况以及采样方法的选择等。

1. 采样方案的设计

采样前，应先进行采样方案的设计，内容包括：采样目的和要求、背景调查和现场踏勘、采样程序、安全措施、质量控制、采样记录和报告等。

（1）采样目的和要求

设计采样方案首先应明确采样的目的和要求，如特性鉴别和分类、环境污染监测、综合利用或处置、污染事故调查分析和应急监测、科学研究、环境影响评价、法律调查、法律责任及仲裁等。

（2）背景调查和现场踏勘

背景调查和现场踏勘应着重了解固体废物的产生单位、产生时间、产生形式、贮存方式；种类、形态、数量和特性；实验及分析的允许误差和要求；环境污染、监测分析的历史资料；产生、堆存、处置或综合利用情况；现场及周围环境。

（3）制定具体的采样方案

确定采样方法、采样点、采样时间和采样频次、采样份样数、份样量等；落实具体监测项目和分析方法。如果是采集危险固体废物，则要根据其危害特性采取相应的安全防护措施。采样全过程应进行质量控制。

（4）采样记录和报告

采样时应记录固体废物的名称、来源、数量、性状、包装、贮存、处置、环境、编号、份样量、份样数、采样点、采样法、采样日期、采样人等。

注：生活垃圾采样和分析方法按《生活垃圾采样和分析方法》CJ/T 313—2009执行，工业固体废物采样和制样参照《工业固体废物采样制样技术规范》HJ/T 20—1998执行。

2. 采样工具

（1）固体废物的采样工具

钢锹和铁铲适于散装堆积的块、粒状废物的采样；长铲式和套装式采样器分别适于盛装在桶、箱、槽、罐、车内或堆存在池内含水量较高的废物或粉状废物的采样；勺式采样器适于用传送带或者管道输送的废物流的采样；气动和真空探针适于盛装在较大废物料仓中的粉末状废物的采样。

（2）液态废物采样器

采样勺、采样管、采样瓶、罐或搅拌器等。

采样工具、设备所用材质不能与待采的废物发生反应，不能使待采的固体废物污染、分层和损失。采样装置在正式使用前均应做可行性试验。

3. 采样方法

（1）简单随机采样法

对一批废物不甚了解，且采取的份样较分散也不影响分析结果时，可对其不做任何处理，也不进行分类和排队，按其原来的状况从中随机采取份样。

（2）抽签法

先对需采样的部位进行编号，同时把号码写在纸上，掺和均匀后，从中随机抽取份样数的纸片，抽中号码的部位就是采样的部位。此法只宜在采样点数较少时使用。

（3）随机数字表法

先对所有采样的部位进行编号，最大编号是几位数，就使用随机数表的几栏（或几行），并把几栏（或几行）合并使用，从表的任意一栏或一行数字开始数，记下凡小于或等于最大编号的数（遇到已抽过的数就不要），直到抽够份数为止。抽到的号码就是采样的部位。

（4）系统采样法

对于一批按一定顺序排列的废物，按规定的采样间隔采样，组成小样或大样（小样：由一批的两个或两个以上的份样或逐个经过粉碎和缩分后组成的样品；大样：由一批全部份样或全部小样或将其逐个进行粉碎和缩分后组成的样品）。

对以传送带、管道等形式连续排出的固体废物，按一定的质量或时间间隔采份样，份样间的距离可根据表 3-2 确定批量，然后按公式（3-1）计算份样间隔，进行流动间隔采样。

$$T \leqslant \frac{Q}{n} \text{ 或 } T' \leqslant \frac{60Q}{Gn} \tag{3-1}$$

式中　T、T'——分别为采样质量间隔和采样时间间隔，t、h；

　　　　Q——批量，t；

　　　　G——每小时排出量，t/h；

　　　　n——按公式（3-5）计算出的份样数或表 3-2 中规定的份样数。

采第一个份样时，不可从第一间隔的起点开始，可在第一间隔内随机确定。在传送带上或落口处，须截取废物流的全截面。所采份样的粒度比例应符合采样间隔或采样部位的粒度比例，所得大样的粒度比例应与整批废物流的粒度分布大致相符。

（5）分层采样法

根据对一批废物已有的认识，将其按照有关标志分为若干层，然后在每层中随机采样。一批废物分次排出或某生产工艺过程的废物间歇排出过程中，可分层采样，根据每层的质量，按比例采取份样，同时，应注意份样与该层粒度比例的一致性。第 i 层采样份数 n_i 按公式（3-2）计算：

$$n_i = nQ_i/Q \qquad (3-2)$$

式中　n_i——第 i 层应采份样数；

　　　n——按公式（3-5）计算出的份样数或表 3-2 中规定的份样数；

　　　Q_i——第 i 层废物质量，t；

　　　Q——批量，t。

（6）两段采样法

前述几种采样方法都是一次直接从一批废物中采取份样，称为单阶段采样。当一批废物由许多车、桶、箱、袋等容器盛装时，因各容器较分散，所以要分阶段采样。首先从一批废物总容器件数 N_0 中随机抽取 n_1 件容器，然后再从 n_1 件容器的每一件容器中采 n_2 个份样。推荐 $N_0 \leqslant 6$ 时，取 $n_1 = N_0$；当 $N_0 > 6$ 时，n_1 按公式（3-3）计算：

$$n_1 \geqslant 3 \times N_0^{1/3}（小数进整数） \qquad (3-3)$$

推荐第二阶段的采样数 $n_2 \geqslant 3$，即 n_1 件容器中的每个容器均随机采上、中、下最少 3 个份样。

4. 份样量

份样量取决于废物的粒度上限，废物的粒度越大、均匀性越差，份样量就应越多，它大致与废物中最大粒度直径的某次方成正比，与废物的不均匀程度成正比。

固体废物采样的份样量可按切乔特公式计算：

$$Q \geqslant Kd^a \qquad (3-4)$$

式中　Q——份样量应采的最小质量，kg；

　　　d——废物中最大粒度的直径，mm；

　　　K——缩分系数，代表废物的不均匀程度，废物越不均匀，K 值越大，可用统计误差法通过实验测定，有时也可由主管部门根据经验指定；

　　　a——经验常数，根据废物的均匀程度和易破碎程度而定。一般情况，$K = 0.06$ 时，$a = 1$。

采样批量大小与最少份样数如表 3-2 所示。

批量大小与最少份样数 表 3-2

批量大小	最少份样数	批量大小	最少份样数
<1	5	≥100	30
≥1	10	≥500	40
≥5	15	≥1000	50
≥30	20	≥5000	60
≥50	25	≥10000	80

注：固体单位为 t，液体单位为 m^3。

5. 份样数

当已知份样间的标准偏差和允许误差时可按公式（3-5）计算份样数。

$$n \geqslant \left(\frac{t \cdot s}{\Delta} \right)^2 \tag{3-5}$$

式中　n——必要份样数；

s——份样间的标准偏差；

Δ——采样允许误差；

t——选定置信水平下的概率度。

当 $n \to \infty$ 时的 t 值作为最初 t 值，以此算出 n 的初值。用对应于 n 初值的 t 值代入公式 (3-5)，不断迭代，直至算出的 n 值不变，此 n 值即为必要份样数。

3.2.2　固体废物的制样

1. 制样方案（制样计划）的设计

在固体废物制样前，应先进行制样方案（制样计划）的设计，内容包括：制样目的和要求、制样原理、安全措施、质量控制、制样记录和报告。

（1）制样目的和要求

制样的目的是从采取的小样或大样中获取最佳量、具有代表性、能满足实验或分析要求的样品。在设计制样方案时，应首先明确以下具体目的和要求：

1）特性鉴别实验；

2）废物成分分析；

3）样品量和粒度要求；

4）其他目的和要求。

（2）制样程序

制样按以下步骤进行：

1）选派制样人员；

2）确定小样或大样的量和最大粒度的直径；

3）明确制样的目的和要求；

4）按 $Q \geqslant Kd^a$ 确定制样操作和选择制样工具；

5）制定安全措施；

6）制定质量控制措施；

7）制样；

8）选样保存。

（3）制样记录和报告

制样时应记录固体废物的名称、数量、性状、包装、处置、贮存、环境、编号、送样日期、送样人、制样日期、制样法、制样人等；必要时，根据记录填写制样报告。

2. 制样技术

（1）制样工具

1）颚式破碎机；

2）圆盘粉碎机；

3）玛瑙研磨机；

4）药碾；

5）玛瑙研体或玻璃研体；

6）标准套筛；

7）十字分样板；

8）分样铲；

9）分样器；

10）干燥箱；

11）盛样容器。

（2）固体废物制样

固体废物样品制备包括四项不同操作，四项操作进行一次，即组成制样的一个阶段。

1）样品的粉碎：经破碎和研磨减小样品的粒度。用机械方法或人工方法破碎和研磨，使样品分阶段达到相应排料的最大粒度。

2）样品的筛分：使样品95％以上处于某一粒度范围。根据粉碎阶段排料的最大粒度，选择相应的筛号，分阶段筛出一定粒度范围的样品。

3）样品的混合：使样品达到均匀。用机械设备或人工转堆法，使过筛的一定粒度范围的样品充分混合，以达均匀分布。

4）样品的缩分：将样品缩分成两份或多份，以减少样品的质量。可以采用下列一种方法或几种方法并用。

① 份样缩分法：将样品置于平整、洁净的台面（地板革）上，充分混合后，根据厚度铺成长方形平堆，划分等分的网络，缩分大样不少于20格，缩分小样不少于12格，缩分份样不少于4格。然后用平铲逐格取样。为了保证取样的准确性，必须做到以下几点：一是方格要划匀，二是每格取样量要大致相等，三是每铲都要铲到底。

② 圆锥四分法：将样品置于洁净、平整的台面（地板革）上，堆成圆锥形，每铲自圆锥的顶尖落下，使样品均匀地沿锥尖散落，注意勿使圆锥中心错位，反复转锥至少三次，使样品充分混均，然后将圆锥顶端压平成圆饼，用十字分样板自上压下，分成四等份，任取对角的两等份，重复操作数次，直至该粒度对应的最小样品量。

③ 二分器缩分法：有条件的实验室，可采用二分器缩分。

（3）液体废物制样

液体废物制样主要为混合、缩分。

1）样品的混匀

对于盛小样或大样的小容器（瓶、罐）用手摇晃混匀；对于盛小样或大样的中等容器（桶、听）用滚动、倒置的方式或手工搅拌器混匀；对于盛小样或大样的大容器（贮罐）用机械搅拌器、喷射循环泵混匀。

2）样品的缩分

样品混匀后，采用二分法，每次减量一半，直至实验分析用量的10倍为止。

（4）半固体废物制样

1）黏稠的不能缩分的污泥，要进行预干燥，至可制备状态时，进行粉碎、过筛、混合、缩分。

2）对于有固体悬浮物的样品，要充分搅拌，摇动混匀后，再按需要制成试样。

3）对于含油等难以混匀的液体，可用分液漏斗等分离，分别测定体积，分层制样分析。

（5）安全措施

工业固体废物制样安全措施参照《工业用化学产品采样安全通则》GB/T 3723—1999。

（6）质量控制

1）为保证在允许误差范围内获得工业固体废物的具有代表性的样品，应对制样的全过程进行质量控制。

2）在工业固体废物制样前，应设计详细的制样方案（制样计划）；在制样过程中，应认真按制样方案进行操作。

3）对制样人员进行培训，制样人员应熟悉工业固体废物的性状、掌握制样技术、懂得安全操作的有关知识和处理方法。制样时，应由两人以上在场进行操作。

4）制样工具、设备所用材质不能和待制工业固体废物有任何反应、不破坏样品的代表性、不改变样品组成；制样工具应干燥、清洁，便于使用、清洗、保养、检查和维修。

5）制样过程中要防止待制工业废物受到交叉污染、发生变质和样品损失。组成随温度变化的工业固体废物，应在其正常组成所要求的温度下制样。

6）样品盛入容器后，应随即在容器壁上贴上标签。标签内容包括：

① 样品名称及编号；

② 工业固体废物物批及批量；

③ 产生单位；

④ 送样日期；

⑤ 送样人；

⑥ 制样日期；

⑦ 制样人；

⑧ 样品保存期。

7）样品的保存和撤销应按规定期保存环境、保存时间及撤销办法操作。

8）填写好、保存好制样记录报告。

9）制样全过程应设专人负责。

（7）样品保存

1）每份样品保存量至少应为实验和分析所用量的 3 倍。

2）样品装入容器后应立即贴上样品标签。

3）对易挥发废物，采取无顶空存样，并采取冷冻方式保存。

4）对光敏感的废物，样品应装入深色容器中并置于避光处。

5）对温度敏感的废物，样品应保存在规定的温度之下。

6）遇水、酸、碱等易反应的废物，应在隔绝水、酸、碱等条件下贮存。

7）样品保存应防止受潮或受灰尘污染。

8）样品保存期为 1 个月，易变质的不受此限制。

9）样品应在特定场所由专人保管。

10）撤销的样品不许随意丢弃，应送回原采样处或处置场所。

3.3 实训活动：实验

3.3.1 固体废物的采样与制样实验

1. 实验目的

（1）了解固体废物采样与制样的目的和意义；

（2）掌握固体废物采样与制样的基本方法；

（3）学会根据固体废物的性质及分析需要，制定采样和制样方案。

2. 实验原理

参阅 3.2 采样与制样内容。

3. 实验内容

以某学校产生的生活垃圾为目标，请根据学校生活垃圾产生的特点，制定采样和制样方案，并进行固体废物采样与制样实验训练。

4. 实验仪器与设备

尖头钢铲；尖头镐；采样铲。

3.3.2 城市生活垃圾的分类实验

1. 实验目的

（1）了解城市生活垃圾的分类方法；

（2）通过实地分选了解某市生活垃圾中各类废物的含量。

2. 实验原理

参阅 3.1 固体废物的分类与分析规则内容。

3. 实验器材

磅秤；塑料袋；口罩；手套；标签纸；生活垃圾。

4. 实验地点

某市某垃圾场。

5. 实验步骤

（1）每组取一斗车生活垃圾样本于空地上铺开；

（2）组员按照城市生活垃圾的分类方法将样本分类（参见表 3-3）；

（3）将每类垃圾分别装袋并称重；

（4）计算每类垃圾的比例。

城市生活垃圾分类实验数据记录见表 3-3。

城市生活垃圾分类方法 表 3-3

项目	有机物		无机物		可回收物						其他垃圾
	动物	植物	灰土	砖瓦陶瓷	纸类	塑料橡胶	纺织物	玻璃	金属	木竹	
质量(kg)											
含量(%)											

3.3.3 固体废物有机质的测定实验

参照《固体废物 有机质的测定 灼烧减量法》HJ 761—2015。

警告：实验中所有涉及固体废物加热过程均需在通风橱中完成，操作时应按规定要求佩戴防护器具。

固体废物有机质（organic matter of solid waste）指以各种形式存在于固体废物中含碳的有机物质。它包括各种动植物的残体、微生物体及其分解和/或合成的各种产物。固体废物中的有机质可视为烘干试样在（600±20）℃下灼烧的失重量。

1. 实验目的

（本实验为验证性实验）

（1）了解固体废物有机质的测定原理；

（2）掌握固体废物有机质的计算和评价方法。

2. 实验仪器和设备

（1）分析天平：精度为 0.0001g；

（2）高温马弗炉：温度可控制在（600±20）℃；

（3）电热干燥箱：温度可控制在（105±5）℃；

（4）干燥器：内装干燥剂（变色硅胶）；

（5）瓷坩埚：容积 30mL，具盖。

3. 样品制备

（1）采样按照《工业固体废物采样制样技术规范》HJ/T 20—1998 或《生活垃圾采样和分析方法》CJ/T 313—2009 的规定执行。

（2）试样的制备

在制备有机质分析试样时，用镊子挑除风干试样中的塑料、石块等非活性物质，研磨至全部通过 0.25mm 孔径筛，混匀后装入磨口瓶中于常温保存待测。

4. 实验步骤

（1）将瓷坩埚事先于（600±20）℃的马弗炉中灼烧至恒重（连续两次称量之差不大于0.001g）。

（2）称取试样 1g（精确至 0.0001g），平铺于瓷坩埚中，半盖坩埚盖，然后将其置于电热干燥箱中，在（105±5）℃下烘 1h，取出后移入干燥器冷却至室温，称重。重复上述步骤进行检查性烘干，每次 30min，直至恒重。

（3）称取烘干试样 0.5g（精确至 0.0001g），平铺于瓷坩埚中，将坩埚盖好，然后将其放入马弗炉中，待温度升至 600℃后，于（600±20）℃下灼烧 3h，取出后先在空气中冷却 5min 左右，再移入干燥器中冷却至室温，称重。重复上述步骤进行检查性灼烧，每次30min，直至恒重。

5. 计算

按公式（3-6）计算试样中有机质含量 w：

$$w = \frac{m_0 - m_1}{m} \times 100 \tag{3-6}$$

式中　w——干基有机质含量，%；

　　　m_0——坩埚和烘干样品的质量，g；

　　　m_1——坩埚和烘干样品灼烧后的质量，g；

　　　m——烘干样品的质量，g；

100——单位折算倍数。

当固体废物中有机质含量小于1%时，结果保留至小数点后两位；当检测结果大于或等于1%时，计算结果保留三位有效数字。

6. 误差范围

抽取10%～20%的样品做平行样，样品数少于10个时，至少做一份样品的平行样，测定结果的相对偏差不大于5.0%。

3.3.4 固体废物总磷的测定实验

参照《固体废物 总磷的测定 偏钼酸铵分光光度法》HJ 712—2014。

1. 实验目的

（本实验为验证性实验）

（1）了解固体废物总磷的测定原理；

（2）掌握固体废物总磷的计算和评价方法。

2. 适用范围

适用于可粉碎的固态或半固态固体废物中总磷的测定。当取样量为0.5g，定容体积为50mL，使用30mm比色皿时，本方法检出限为3mg/kg，测定下限为12mg/kg。

3. 采样

按照《工业固体废物采样制样技术规范》HJ/T 20—1998的规定执行。

4. 实验原理

固体废物颗粒经硝酸体系微波消解，其中的含磷难溶盐和有机物全部转化为可溶性的正磷酸盐，在酸性条件下与偏钒酸铵和钼酸铵反应生成黄色的三元杂多酸，于波长420nm处测量吸光度。在一定浓度范围内，磷酸盐含量与吸光度值符合朗伯-比尔定律。

5. 干扰因素及消除

用微波消解-偏钼酸铵分光光度法测定固体废物中总磷的含量，当显色液中Fe^{3+}浓度低于100mg/L、Cr^{6+}浓度低于18mg/L时测定无干扰。

6. 实验试剂和材料

除非另有说明，分析时均使用符合国家标准的分析纯化学试剂，实验用水为新制备的去离子水或蒸馏水。

（1）浓硝酸：$\rho(HNO_3)=1.40g/mL$，优级纯。

（2）浓硫酸：$\rho(H_2SO_4)=1.84g/mL$。

（3）硫酸溶液：$C(H_2SO_4)=0.5mol/L$，量取5.5mL浓硫酸缓慢倒入少量水中，稀释至200mL。

（4）碳酸钠溶液：$w(Na_2CO_3)=10\%$，称取10g碳酸钠（Na_2CO_3）溶于100mL水中。

（5）磷酸二氢钾（KH_2PO_4）：优级纯。取适量磷酸二氢钾（KH_2PO_4）于称量瓶中，置于105℃烘干2h，干燥箱内冷却，备用。

（6）钼酸铵溶液：$\rho[(NH_4)_6Mo_7O_{24} \cdot 4H_2O]=62.5g/L$，称取25g钼酸铵$[(NH_4)_6Mo_7O_{24} \cdot 4H_2O]$溶于400mL水中。

（7）偏钒酸铵溶液：$\rho[NH_4VO_3]=2.27mg/L$，称取1.25g偏钒酸铵（NH_4VO_3）溶于300mL沸水中，冷却后，加入250mL浓硝酸，冷却至室温。

（8）钼酸铵-偏钒酸铵混合溶液：将钼酸铵溶液缓慢加入偏钒酸铵溶液中，用水稀释至 1000mL。置于冰箱 2～5℃保存，至少能稳定一年，若发生浑浊，则弃去重新配置。

（9）磷标准贮备液：$\rho(P)=1000mg/L$，称取 4.3940g 磷酸二氢钾溶于约 200mL 水中，加入 5mL 浓硫酸，移至 1000mL 容量瓶中，加水定容至标线，混匀。该溶液贮存于棕色试剂瓶中，有效期为一年。或直接购买市售有证标准溶液。

（10）磷标准使用液：$\rho(P)=20mg/L$，移取 10.00mL 磷标准贮备液于 500mL 容量瓶中，用水定容，该溶液临用现配。

（11）指示剂：2，6-二硝基酚（$C_6H_4N_2O_5$）或 2，4-二硝基酚（$C_6H_4N_2O_5$），称取 0.2g 2，6-二硝基酚或 2，4-二硝基酚溶于 100mL 水中。

7. 实验仪器和设备

（1）可见光分光光度计：配有 30mm 玻璃比色皿；

（2）微波消解仪：最大功率 1600W；

（3）电热消解器：微波消解罐专用（50～200℃、输出功率 1600W）；

（4）电热板：50～200℃、输出功率 3000W；

（5）分析天平：精度为 0.0001g；

（6）具塞比色管：50mL；

（7）一般实验室常用仪器和设备。

8. 样品

（1）采集、保存与制备按照《工业固体废物采样制样技术规范》HJ/T 20—1998 的相关规定执行。

（2）试样的制备

称取约 0.2～0.5g 样品（精确至 0.0001g），置于微波消解罐中，用适量的水润湿样品，加入 10mL 浓硝酸，加盖后冷消解过夜（至少 16h），然后放入微波消解仪消解（升温程序参照表 3-4），消解完毕后冷却。将微波消解罐放入电热消解器约 160℃赶酸至样品呈黏稠状。若用电热板赶酸，可将消解液完全转移至玻璃烧杯后放在电热板上约 160℃加热至样品呈黏稠状。如试液不呈灰白色则说明消解未完全，等冷却至室温后再加适量浓硝酸，继续进行微波消解和赶酸直至样品呈灰白色。取下微波消解罐冷却至室温，将样品全部转移至 50mL 比色管中，加水至 50mL 刻度，摇匀，静置，取上清液待测。

微波消解仪参考升温程序　　　　　　　　　　　　　　表 3-4

升温步骤	升温时间（min）	消解温度（℃）	保持时间（min）
第一步	5.00	120	2
第二步	4.00	160	5
第三步	4.00	190	25

注：样品消解赶酸完全后，消解液静置后呈无色、澄清状。若有红棕色，则说明氮氧化物未赶尽，可继续赶酸直至红棕色消失。

9. 实验步骤

（1）校准曲线

分别移取 0.00mL、2.00mL、4.00mL、6.00mL、8.00mL、10.00mL、12.00mL、14.00mL 磷标准使用液于 50.0mL 比色管中，加水至 25mL 刻度线。然后加入 2 滴指示

剂，用硫酸溶液或碳酸钠溶液调至溶液呈淡黄色，再加入 10mL 钼酸铵-偏钒酸铵混合溶液，用水定容至 50.0mL，室温下放置 30min。磷标准系列浓度分别为 0.00mg/L、0.80mg/L、1.60mg/L、2.40mg/L、3.20mg/L、4.00mg/L、4.80mg/L、5.60mg/L，以水作参比，在波长 420nm 处用 30mm 比色皿进行比色。以扣除零浓度的校正吸光度值为纵坐标，磷浓度（mg/L）为横坐标，建立校准曲线。

（2）测定

移取 10.00mL 试样于 50.0mL 比色管中，用水稀释至 25mL 刻度线，加入 2 滴指示剂，用硫酸溶液或碳酸钠溶液调至溶液呈淡黄色，然后按照（1）中的操作步骤，测量吸光度。

如试样中总磷浓度过高，测定时可适当减少试样体积。

当试样有一定浊度或色度时，对样品的测定结果可能会产生影响。可在 50mL 具塞比色管中，分取与样品相同体积的试样，按照（1）中的操作步骤，不加钼酸铵-偏钒酸铵混合溶液，测定校正吸光度。将试样的吸光度减去校正吸光度，然后进行计算。

（3）实验室空白实验

不加固体废物样品，按照试样的制备［8. 样品（2）试样的制备］和测定［9. 实验步骤（2）测定］步骤，进行显色和测量。

10. 计算

固体废物中总磷的含量（mg/kg），按照公式（3-7）进行计算。

$$\omega = \frac{(\rho - \rho_0)V_1 \times 50}{m \times V_2} \tag{3-7}$$

式中 ω——固体废物中总磷的含量，mg/kg；

ρ——从校准曲线上计算试样中总磷的浓度，mg/L；

ρ_0——从校准曲线上计算空白试样中总磷的浓度，mg/L；

m——样品量（鲜样重），g；

V_1——消解液的定容体积，mL；

V_2——测定时量取的试样体积，mL；

50——待测液定容体积，mL。

注：测定结果大于等于 100mg/kg 时，保留三位有效数字。

11. 实验要求

（1）校准曲线的相关系数应大于等于 0.999。

（2）每批样品应做两个空白试样，其测试结果应低于检测下限。

（3）每批样品应至少测定 10% 的平行双样，样品量少于 10 个时，应至少测定一个平行双样。取平行测定结果的算术平均值作为测定结果。两个测定结果的相对偏差应不超过 15%。

（4）每批样品应至少测定 10% 的加标回收样品。加标浓度为原样品浓度的 0.5～2.5 倍，加标回收率应在 80%～120% 之间。

12. 实验注意事项

（1）所有的玻璃器皿及消解罐均应用稀盐酸或稀硝酸浸泡。

（2）微波消解时应严格按照仪器使用说明操作，以防发生安全事故。

第4章 固体废物的收集与运输规划设计

固体废物的收集和清运是处理处置的基础性工作，其效率与质量的优劣直接关系到处理处置成本的高低与后续处理处置的难易程度。在城市生活垃圾的收集、运输中，由于城市生活垃圾的产生源分散、总产生量大、成分复杂，废物处理场或垃圾转运站又多设在远离城市的郊区，收集、运输往往是整个处理工作总成本中最高的，在城市生活垃圾处理处置的成本中，收集和清运工作的成本占了 60%～80% 左右，收集清运工作十分困难。由于在城市管理中，垃圾的收集、运输基本上由政府指定的某一个部门专门作为经常性工作加以管理，固体废物收集和清运成本的高低在很大程度上取决于对这项工作管理的水平，优质的管理可以使成本降低，劣质的管理可以使成本升高。因此，制定科学合理的收运计划，降低固体废物收集和清运工作的成本，提高固体废物的收运效率与质量，对于降低固体废物处理与处置的成本、提高综合利用效率、减少最终处置的废物量具有十分重要的意义，是每一个从事固体废物处理与处置的管理者必须认真考虑的问题。本章通过固体废物收集与运输规划设计以及相关实训活动，您将得到创新思维的训练，提高收集路线规划设计与固体废物收集、运输管理的能力，也是对您进行社会调查能力以及创新思维水平的一次检验。

学习目标

通过本章的学习，您将能够：

（1）初步掌握固体废物收集路线及规划设计技能；

（2）初步掌握城市生活垃圾中转运输的规划与设计。

学习内容

4.1 固体废物收集与运输路线的规划设计及优化

4.2 实训活动

学习时间

2 学时。

学习方式

本章的实训活动中的 3 个课程设计，可以根据学校的条件选做其中的 1 个，也可以通过参观实习、调查研究、撰写报告等方式进行。

需要的材料

通过图书馆数据库获取学习有关固体废物收集与运输规划设计的案例。

4.1 固体废物收集与运输路线的规划设计及优化

4.1.1 固体废物收集路线及规划设计

在城市生活垃圾收集操作方法、收集车辆类型、收集劳动力、收集次数和作业时间被确定以后，就必须设计收集路线，以便收集者和装备能够有效地利用。通常，收集路线的规划包括一系列的实验，没有一套通用规则能被应用在所有的情形。因此，收集车辆的路线设计在目前仍然是一个需要研究和实践的过程。

1. 固体废物收集路线及规划设计需要尽量考虑的因素

在进行一般收集路线规划设计时，需要尽量考虑以下几个因素：

（1）分析收集点的有关信息，制定垃圾收集的相关措施。如垃圾收集点的数量、位置、垃圾产生量以及收集容器的数量、垃圾收集点到垃圾转运站或处理处置场的距离等，据此调整现行的收集系统的运行参数，例如工作人员的多少和收集装置的类型，确定收集频率、收集路线的相关措施。

（2）收集路线要便捷，便于垃圾收集车辆的行驶。在任何可能的情况下，都要充分考虑以下因素：一是合理运用地形和物理的障碍物作为收集路线的边界；二是能保证垃圾收集工作在主干道开始和结束；三是在山区，收集路线要开始在最高处，然后随着装载量的增加逐渐下山；四是最后一个收集容器离处置点最近。

（3）合理安排垃圾收集时间、车辆、人力等，提高工作效率。在交通拥挤处产生的垃圾必须在一天当中尽可能早地收集；产生大量垃圾的产生源必须在一天中的第一时段收集；如果可能的话，那些垃圾产生量小且有相同收集频率的分散收集点应该在一趟或一天中收集。

（4）关注经验的积累及信息的变化。在城市的某一区域长期工作所获得的运行经验对制定固体废物收集路线及规划设计具有重要的参考价值，应该加以特别关注。另外，还要根据垃圾收集点的信息变化，如产生源、产生量等的变化，对垃圾收集路线及时作出修改，确保垃圾及时被运到垃圾转运站或处理处置场。

（5）关注收集路线的适用条件。收集系统类型不同（拖曳容器收集系统与固定容器收集系统），收集路线的设计也不尽相同，应该区别对待。

2. 设计收集路线的步骤

通常，设计收集路线的步骤包括四步：

第一步，调查研究，收集信息。调查研究、收集信息是设计收集路线的前提条件。收集信息的主要内容包括：固体废物产生源的位置，是在商业与工业区，还是居民生活区；产生的数量；收集点的位置、数量；是无害的，还是有害的、危险的；储存的方式是收集容器，还是堆放，收集容器的数量；收集点之间的距离，分派站的位置及到各个固体废物收集点、垃圾转运站或废物处理处置场的距离；运输工具是人力，还是机械；作业时间；该城市或区域原有的固体废物管理政策法规；等等。最好准备一张当地地图，将相关的数据与信息标注在地图上。

第二步，分析数据，制定方案。根据调查获得的信息，确定收集频率，次/周；收集次数，次/周；废物总量，m^3/周；每天需要收集的固体废物数量，m^3/d；选择合适的运输车辆及运输工具，配备适当的人力、物力等。形成初步的收集路线方案。如果需要的话，准备数据摘要的表格。

第三步，实验评估，取得经验。初步的收集路线设计之后，需要对方案进行评估，然后投入试运行，通过试运行进一步获取相关信息，取得经验，提出改进建议。

第四步，修订、完善、确定方案。根据试运行中获得的信息和经验，对初步形成的收集路线进行修订、完善，最后形成比较科学、合理的固体废物收集路线图，正式交给收集人员投入运行。

值得注意的是，固体废物收集人员依据收集路线在规定的区域中实施的过程中，根据在此区域中实施的经验，他们有权修改收集路线，以满足本地特殊情况的需要。事实上，在大多数情况下，收集路线的设计是依据在城市的某一区域长期工作所获得的运行经验。

从本质上说，第一步对所有类型的收集系统都是一样的，因为第二、第三和第四步在拖曳容器收集系统和固定容器收集系统中的应用是不完全一样的，所以，应该分别进行讨论。这里不再赘述。

4.1.2　固体废物收运路线的优化

为了提高固体废物的收运效率，使总的收运费用达到最小可能值，各废物产生源（或垃圾转运站）如何向各处理（或处置）场合理分配和运输垃圾是值得探讨的问题。此类收运路线的优化问题实际上是寻找一条从收集点到垃圾转运站或废物处理处置设施的最优路线。对一个区域系统或一个大的城区，确定一条优化的宏观运输路线，对整个垃圾收运和处理处置系统的效率和成本都会产生较大的影响。这类问题在数学上称为分配问题，这里采用线性规划的数学模型对此进行讨论。

假设废物产生源（或垃圾转运站）的数量为 N，接收废物的处理（或处置）场的数量为 K，并且在废物产生源（或垃圾转运站）和废物处理（或处置）场之间没有其他处理设施，为确定最优的运输路线，可以通过总的收运费用达到最小来计算。所应满足的约束条件为：① 每个处置场的处置能力是有限的；② 处置的废物总量应等于产生的废物总量；③ 从每个废物产生源运出的废物量应大于或等于零。

目标函数如公式（4-1）：

$$f(X) = \sum_{i=1}^{N} \sum_{k=1}^{K} X_{ik} C_{ik} + \sum_{k=1}^{K} \left(F_k \sum_{i=1}^{N} X_{ik} \right) \tag{4-1}$$

约束条件：

$$\sum_{i=1}^{N} X_{ik} \leqslant B_k \text{ 对于所有的 } K$$

$$\sum_{k=1}^{K} X_{ik} \leqslant W_i \text{ 对于所有的 } i$$

$$X_{ik} \geqslant 0 \qquad \text{对于所有的 } i$$

式中　　X_{ik}——单位时间内从废物产生源 i 运到处置场 k 的废物量；

C_{ik}——单位数量废物从废物产生源 i 运到处置场 k 的费用；

F_k——处置场 k 处置单位数量废物的费用；

W_i——废物产生源 i 单位时间内所产生的废物总量；

B_k——处置场 k 的处置能力；

N——废物产生源的数量；

K——处置场的数量。

在目标函数中，第一项是运输费用，第二项是处置费用。由于各处置场的规格、造价与运行费用之间的差异，不同处置场的处置费用也会有所不同。

垃圾的运输费用，占垃圾处置总费用的很大比例，因而场址的选择应充分考虑最大限度地减少运费。在整个地区基本上处于平原的条件下，运输费用仅取决于路程的长短。可以根据本地区各部分的地理位置和垃圾产生量的分布情况，计算出处置场的理论最佳选址，以使得垃圾运输的总吨-千米数为最小。

4.1.3 设计案例

某工业服务区，如图 4-1 所示，共有 28 个垃圾收集点和 35 个收集容器，每周需要收集的垃圾量为 221m³。请根据已知条件和图中的其他信息，设计固定容器和拖曳容器两种收集操作法的收集路线并确定每条收集路线所需要的距离。

假设已知条件如下：

（1）每周收集 2 次的收集容器，收集时间要求在周二和周五；

（2）每周收集 3 次的收集容器，收集时间要求在周一、周三和周五；

（3）各收集点的收集容器可以在十字路口的任何一侧收集；

（4）拖曳容器收集方式的空容器需要返回原处；

（5）根据要求，两种收集方式的收集时间为周一～周五。

如图 4-1 所示，垃圾收集点由上排，从左到右依次标记为 28 个收集点。

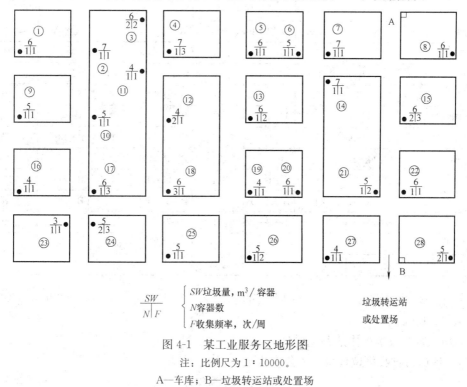

图 4-1 某工业服务区地形图

注：比例尺为 1：10000。

A—车库；B—垃圾转运站或处置场

1. 拖曳容器收集操作法路线设计

（1）根据资料分析，收集区域共有 28 个收集点

收集次数每周 3 次的有 4 个点，每周共收集 3×4＝12 次，时间要求在周一、周三、周五；

收集次数每周 2 次的有 4 个点，每周共收集 2×4＝8 次，时间要求在周二、周五；

收集次数每周 1 次的有 20 个点，每周共收集 1×20＝20 次，时间要求在周一～周五。

合理的安排是使每周各个工作日集装的容器数大致相等以及每天的行驶距离相当。三种收集次数的集装点，每周共需行程 40 次，平均安排每天收集 8 次，具体分配情况如表 4-1 所示。

容器收集安排　　　　　　　　　　　　表 4-1

收集频率（次/周）（1）	收集点数目（2）	周行程次数（1）×（2）	每日出空垃圾桶数目				
			周一	周二	周三	周四	周五
1	20	20	4	4	4	8	0
2	4	8	0	4	0	0	4
3	4	12	4	0	4	0	4
总计	28	40	8	8	8	8	8

（2）通过反复试算设计较为均衡的收集路线

在满足表 4-1 规定的次数的条件下，找到一种收集路线方案，使每天的行驶距离大致相等。每周收集路线设计和距离计算如表 4-2 所示。

拖曳容器收集法的收集路线　　　　　　　　　　　　表 4-2

周一		周二		周三		周四		周五	
收集路线	距离（km）	收集路线	距离（km）	收集路线	距离（km）	收集路线	距离（km）	收集路线	距离（km）
A—15	2.5	A—21	4.5	A—15	2.5	A—2	10	A—15	2.5
15—B	3	21—B	2	15—B	3	2—B	13.5	15—B	3
B—4—B	22	B—3—B	25	B—17—B	21	B—13—B	19	B—3—B	25
B—17—B	21	B—26—B	9	B—4—B	22	B—11—B	23	B—4—B	22
B—24—B	18	B—13—B	15	B—24—B	18	B—12—B	20	B—13—B	15
B—16—B	25	B—14—B	11	B—1—B	32	B—10—B	23	B—17—B	21
B—20—B	9	B—9—B	28	B—6—B	14	B—25—B	13	B—21—B	5
B—7—B	14	B—23—B	20	B—27—B	4	B—22—B	3	B—24—B	18
B—25—B	13	B—19—B	12	B—8—B	11	B—28—B	2	B—26—B	9
B—A	5.5	B—A	5.5	B—A	5.5	B—A	5.5	B—A	5.5
共计	133		132		133		132		126

从表 4-2 可以看出，周一～周五的行驶距离分别为 133km、132km、133km、132km、126km。

2. 固定容器收集操作法路线设计

（1）计算每日收集垃圾量，收集安排见表 4-3。

每日收集垃圾量安排　　　　　　　　　　　　表 4-3

收集次数（次/周）	总垃圾量（m³）	每日收集垃圾量（m³）				
		周一	周二	周三	周四	周五
1	1×126＝126	21	28	21	56	0
2	2×28＝56	0	28	0	0	28
3	3×35＝105	35	0	35	0	35
共计	287	56	56	56	56	63

（2）根据所收集的垃圾量，经过反复试算制定的收集路线见表4-4。

每日垃圾收集路线 表4-4

周一		周二		周三		周四		周五	
集装次序	垃圾量(m^3)	集装次序	垃圾量(m^3)	集装次序	垃圾量(m^3)	集装次序	垃圾量(m^3)	集装次序	垃圾量(m^3)
5	6	8	6	15	$6\times2=12$	14	7	15	$6\times2=12$
4	7	7	7	6	5	19	4	13	6
1	6	3	$6\times2=12$	4	7	18	18	4	7
23	3	2	7	10	5	11	4	3	$6\times2=12$
17	6	12	8	9	5	16	4	17	6
14	$5\times2=10$	13	6	17	6	25	5	24	$5\times2=10$
15	$6\times2=12$	26	5	24	$5\times2=10$	27	4	26	5
22	6	21	5	20	6	28	10	21	5
总计	56		56		56		56		63

（3）从车库A到处置场B的行驶距离见表4-5。

车库A到处置场B的行驶距离 表4-5

时间	行驶距离(km)
周一	30
周二	27.5
周三	31
周四	30.5
周五	31.5

4.2 实训活动

本节设计了3个实训活动，各个学校可根据学校的设施条件、课时安排以及学生学习的需求，任选1个或2个组织实训活动。

4.2.1 根据已知条件和要求进行收集路线设计

已知条件如下：

某生活区共有32个垃圾收集点（见图4-2），其垃圾收集要求如下：

（1）每周收集2次的集装点，收集时间要求在周二、周四；

（2）每周收集3次的集装点，收集时间要求在周一、周三、周五；

（3）各集装点的容器可以位于十字路口的任何一侧集装；

（4）收集从车库A点早出晚归；

（5）拖曳容器收集从周一～周五进行收集；

（6）固定容器收集从周一～周五进行收集，每天行程1次。

其他信息由图4-2中给出。试设计拖曳容器和固定容器两种收集方法的收集路线并确定清运收集路线的行程。

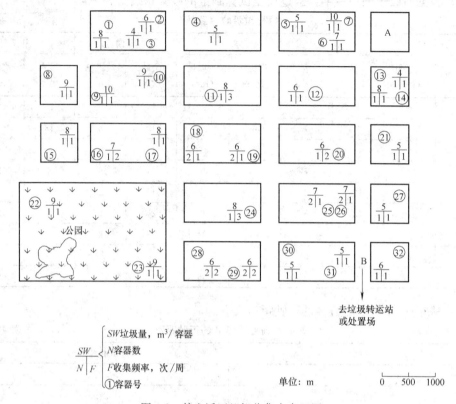

图 4-2　某生活区垃圾收集点布置图

4.2.2　校园垃圾收集路线的设计与优化（以兰州交通大学为例）

1. 实训目的

（1）了解本校的地形及垃圾桶摆放的位置和布局；

（2）学会垃圾收集路线的初步设计，提高工程设计计算、技术文件编写的能力。

2. 实训步骤

要求：在校园的平面图上，设计一条高效率的收集垃圾的路线。

（1）作出校园地形草图

1）用长方形、正方形、多边形或圆形等表示建筑物，标出名称；

2）标出垃圾桶数目编号（1、2、……），标明单位容器垃圾量（m³）SW，容器数 N，收集频率 F，容器号（①②③……）等；

3）用皮尺或步量法测出两两垃圾桶之间的距离（一般以三中步代表 2m），并在地图上标出距离；

4）西大门作为 A 点，校大门作为 B 点。

（2）以固定容器系统进行路线设计

1）朝阳餐厅和百苑食堂等为 5 次/周，1、2、3、4 号等宿舍楼为 3 次/周，教学楼、办公楼等为 2 次/周，其余收集点为 1 次/周。

2）根据垃圾收集量，先均衡安排 5 次/周、3 次/周和 2 次/周垃圾收集量，最后安排 1 次/周垃圾收集量，作出每日垃圾收集量安排表（见表 4-6）。

收集次数 (次/周)	运输数量 (m³)	每日垃圾收集量(m³)				
		周一	周二	周三	周四	周五
5						
3						
2						
1						
共计						

3）根据每日垃圾收集量，经反复试算，制定均衡的收集路线和从 A 点到 B 点的每日行驶距离，作出收集路线的集装次序表和从 A 点到 B 点每日的行驶距离表（见表 4-7）。

固定容器收集操作收集路线的集装次序表　　　　　　　表 4-7

周一		周二		周三		周四		周五	
集装次序	垃圾量 (m³)	集装次序	垃圾量 (m³)	集装次序	垃圾量 (m³)	集装次序	垃圾量 (m³)	集装次序	垃圾量 (m³)
合计									

（3）区域划分

第一组：老校区

第二组：宿舍楼

第三组：北校区教学楼

第四组：其他区域

4.2.3　城市生活垃圾中转运输的规划与设计

1. 实训目的

（1）了解城市生活垃圾转运站设立的必要性；

（2）学习城市生活垃圾转运站规划与工艺设计技能；

（3）了解垃圾中转运输的工作流程，熟悉主要设备及运行原理。

2. 垃圾转运站设计方法

生活垃圾的中转运输是垃圾收集的重要组成部分。生活垃圾的中转运输是指收集车将垃圾清运到垃圾转运站后，收集车中的垃圾转载至较大型的转运车，并由转运车将垃圾送往处理场（厂）的过程。我国《环境卫生设施设置标准》CJJ 27—2012 规定，服务范围内的垃圾运输平均距离超过 10km 时，宜设置垃圾转运站；平均距离超过 20km 时，宜设置大、中型垃圾转运站。

（1）三种运输方式产生的费用比较

1）拖曳容器运输方式费用见公式（4-2）

$$Q_1 = q_1 x \tag{4-2}$$

2）固定容器运输方式费用见公式（4-3）

$$Q_2 = q_2 x + b_2 \tag{4-3}$$

3）设置垃圾转运站运输方式费用见公式（4-4）

$$Q_3 = q_3 x + b_3 \tag{4-4}$$

式中　Q_1、Q_2、Q_3——分别为三种运输方式的总运输费用；

　　　　　　x——运输距离；

　　　q_1、q_2、q_3——分别为三种运输方式的单位运费；

　　　　　　b_2——设置固定容器所需增加投资的分期偿还费和管理费；

　　　　　　b_3——设置垃圾转运站后，所需增加基建投资的分期偿还费和操作管理费。

通常情况下，$Q_1 > Q_2 > Q_3$；$b_3 > b_2$。

（2）垃圾转运站的规划与设计

在规划和设计垃圾转运站时，应考虑以下几个因素：

1）每天的转运量；

2）垃圾转运站的结构类型；

3）主要设备和附属设施；

4）对周围环境的影响。

假定某垃圾转运站要求：

1）采用挤压设备；

2）高低货位方式卸料；

3）机动车辆运输。

其工艺设计如下：根据垃圾转运站的处理规模、转运作业工艺流程和转运设备对垃圾压实程度等的不同，生活垃圾转运站的工艺可分为不同类型。

根据工艺与服务区的垃圾量，可计算应建造多少个高低位卸料台和相应配备的压缩机数量，需合理使用多少牵引车和半拖挂车。

1）高低位卸料台数量（A）

该垃圾转运站每天的工作量可按公式（4-5）计算得出。

$$E = k_1 Y_n / 365 = k_1 \times y_n \times P_n \times 10^{-3} \tag{4-5}$$

式中　E——每天的工作量，t/d；

　　　Y_n——预测的第 n 年垃圾产生量，t/a；

　　　P_n——服务区的居民人口数，人；

　　　y_n——人均垃圾产量，kg/(人·d)；

　　　k_1——垃圾产量变化系数，一般为 1.3～1.4。

一个卸料台工作量的计算公式为：

$$F = t_1 / (t_2 \times k_t) \tag{4-6}$$

式中　F——卸料台一天接受的清运车数，辆/d；

　　　t_1——转运一天的工作时间，min/d；

　　　t_2——一辆清运车的卸料时间，min/辆；

k_t——清运车到达的时间误差系数。

则所需卸料台数量见公式（4-7）：

$$A=E/(W\times F) \tag{4-7}$$

式中 W——清运车的车载质量，t/辆。

2）压缩设备数量（B）见公式（4-8）

$$B=A \tag{4-8}$$

3）牵引车数量（C）

为一个卸料台工作的牵引车数量，按公式（4-9）计算得出。

$$C_1=t_3/t_4 \tag{4-9}$$

式中 C_1——牵引车数量；

t_3——大载质量运输车往返的时间；

t_4——半拖挂车的装料时间。

其中，半拖挂车的装料时间计算公式为：

$$t_4=t_2\times n\times k_t \tag{4-10}$$

式中 n——为一辆半拖挂车装料的清运垃圾车数量。

因此，该垃圾转运站所需的牵引车总数见公式（4-11）：

$$C=C_1\times A \tag{4-11}$$

4）半拖挂车数量（D）

半拖挂车是轮流作业，一辆车装满后，另一辆车装料，故半拖挂车的总数为：

$$D=(C_1+1)\times A \tag{4-12}$$

（3）垃圾转运站选址

按照《生活垃圾转运站技术规范》CJJ/T 47—2016 的要求，垃圾转运站选址应满足下列要求：

1）符合城市总体规划和环境卫生专业规划的要求。

2）综合考虑服务区域、转运能力、运输距离、污染控制、配套条件等因素的影响。

3）设在交通便利、易安排清运线路的地方。

4）满足供水、供电、污水排放的要求。另外，当运距较远且具备铁路运输或水路运输条件时，宜设置铁路或水路运输垃圾转运站（码头）。

同时不应设在下列地区：

1）立交桥或平交路口旁。

2）大型商场、影剧院出入口等繁华地段。若必须选址于此类地段时，应对垃圾转运站进出通道的结构与形式进行优化或完善。

3）邻近学校、餐饮店等群众日常生活聚集场所。

3. 实训形式

参观、调研、记录。

4. 实训地点

某市垃圾转运站。

5. 撰写调研报告

调研报告结构包括标题、引言、正文、结尾。

第5章　固体废物的压实、破碎、分选实验

固体废物的压实、破碎、分选是固体废物处理与处置的预处理方法，其效率和质量对后续处理处置影响很大。固体废物种类繁多、组成复杂，其形状、大小、结构、性质等均有很大的差异。为使物料性质满足后续处理或处置的工艺要求，固体废物通过机械压实、破碎、分选等方法改变其颗粒粒径、堆积密度等性质和状态，提高固体废物资源的回收利用效率。通过本章的学习，您将掌握压实程度的度量方法，学会合理选用压实机械及工作流程；掌握基本破碎方式、控制参数，学会合理选用破碎机械及工作流程；掌握固体废物分选的基础知识，在实际工作中会根据固体废物的特点灵活选用分选方式，提高预处理的效率和质量。

学习目标

本章内容学完之后，您将能够：

（1）会设计城市垃圾预处理流程；

（2）了解压实的主要形式，掌握压实的操作原理；

（3）了解破碎机的类型和特点，掌握固体废物破碎的基础理论；

（4）了解重力分选设备及运用；

（5）了解筛分设备的类型及应用；

（6）了解磁力分选设备及运用；

（7）掌握筛分原理及重力分选原理、磁力分选原理。

学习内容

5.1　城市垃圾预处理流程设计

5.2　实训活动

学习时间

2 学时。

学习方式

本章实训活动共设计了 1 个课程设计 4 个实验，可以根据学校实验条件和学时要求选择其中的 1 个进行实验，也可以组织学生进行社会调查或实习。

需要的材料

通过图书馆数据库获取相关信息，如清华同方（CNKI）数据库、超星电子图书、万方数据库、维普期刊，英文数据库如 WILEY 等，或通过阅读电子期刊、阅读相关资料、实训调研等途径获取相关信息，撰写自学成果报告，为课中的交流做好准备。

5.1　城市垃圾预处理流程设计

5.1.1　预处理流程设计

1. 垃圾预处理流程设计的意义

垃圾预处理主要技术环节是压实、分选、破碎，由于垃圾组成、性质及预处理的目的

各不相同，难以有通用的流程模式。因此，在进行城市垃圾预处理流程设计之前，首要工作是进行固体废物分类实验，在此基础上，依据垃圾的组成、性质及预处理的目的设计不同的流程。了解城市垃圾预处理流程，对于创新城市垃圾处理处置技术具有十分重要的意义。城市建筑垃圾和餐厨垃圾在固体废物中占的比例最大，建筑垃圾、餐厨垃圾的资源化在预处理中得到了广泛应用，因此建筑垃圾、餐厨垃圾预处理流程设计思路的重点是资源化利用。本节以建筑垃圾、餐厨垃圾为例介绍了城市垃圾预处理流程设计思路，主要目的是开拓学生视野，启发思路，培养创新思维能力。

2. 垃圾预处理流程设计的思路

废物的处理、处置、资源化目的不同，需采用不同的预处理技术。

对于以填埋为主的废物，主要采用压实的预处理方式；对于以焚烧或堆肥为主的废物，主要采用破碎、分选预处理方式；对于资源化回收的废物，主要采用破碎、分选的预处理方式；对于浆状废物，主要采用浓缩、脱水的预处理方式。

3. 城市建筑垃圾预处理方法对资源化的影响

小资料：

建筑垃圾是在对各类建筑物和构筑物及其辅助设施等进行建设、改造、装修、拆除、铺设等过程中产生的各类固体废物，主要包括渣土、废旧混凝土、碎砖瓦、废沥青、废旧管材、废旧木材等。在建筑施工过程中，根据垃圾产生根源可以将建筑垃圾分为施工建筑垃圾和拆毁建筑垃圾。其中，前者是指在新建、改扩建工程施工中产生的建筑垃圾，后者是指在拆除建筑物过程中产生的建筑垃圾。两类建筑垃圾一般由废渣土、弃土、余泥、剔凿过程中产生的砖石碎块、拆除脚手架时留下的竹木材和废金属、装修装饰中产生的废料和包装废料等弃料组成。按照来源分类，建筑垃圾可分为土地开挖、道路开挖、旧建筑物拆除、建筑施工和建材生产垃圾五类。

建筑垃圾的组成与建筑物的结构相关。砖混结构建筑中，瓦砾、砖块约占 75%，其余为木料、渣土、石灰等；废弃剪力墙、框架结构建筑中，混凝土块约占 55%，其余为砌块、砖块、金属等。

相关规范：2003 年的《城市建筑垃圾和工程渣土管理规定》（修订稿）、2006 年的《城市建筑垃圾管理规定》、2008 年的《再生节能建筑材料财政补助资金管理暂行办法》，以及近年来颁布的《建筑垃圾处理技术规范》CJJ 134—2009、《混凝土和砂浆用再生细骨料》GB/T 25176—2010、《混凝土用再生粗骨料》GB/T 25177—2010 和《再生骨料应用技术规程》JGJ/T 240—2011 等。

随着建筑水平的提高，旧建筑拆除垃圾的组成将由砖块、瓦砾向混凝土块转化。建筑垃圾按照一般的填埋堆放方法处理，需要经过很长时间其化学、物理特性才能稳定。混凝土块和废砂浆中含有较多的水合硅酸钙和氢氧化钙使渗滤液呈强碱性；废石膏中含有的大量硫酸根离子在厌氧条件下会转化为硫化氢；废木材和废纸板在厌氧条件下可溶出木质素和单宁酸并分解生成挥发性有机酸；废金属料能使渗滤液中含有许多重金属离子，污染周围的地表水、地下水、空气和土壤。即使建筑垃圾达到稳定化之后，大量的无机物还会停留在堆放处，占据大量土地，并持续导致环境问题。

建筑垃圾的产生量预测方法有：面积折算法、按施工材料购买量计算、人均估算法。

（1）废弃混凝土的再生利用

由建筑垃圾的组成可知，其中废弃混凝土占有很大的比重，所以如何合理地利用废弃混凝土就成了问题的关键。事实上，废弃混凝土是一种可再生资源，废弃混凝土的处理应以"减量化、重复使用、循环再生"为原则，目前废弃混凝土的再生利用主要有以下三个途径：

1）将废弃混凝土破碎后作为建筑物基础垫层或道路基层，这是废弃混凝土最简单的利用方法，也是目前我国对废弃混凝土最常用的再生利用方法。

2）将废弃混凝土破碎后生产混凝土砌块砖、铺道砖、花格砖等建材制品。

3）将废弃混凝土破碎、筛分、分选、洁净后作为"循环再生骨料"，制成一定粒径的再生粗骨料或细骨料来代替天然砂石配制再生骨料混凝土用在钢筋混凝土结构工程中，这是对废弃混凝土最有价值的处理方法，用再生骨料配制的再生混凝土是一种绿色混凝土，是今后混凝土发展的一个方向。图 5-1 显示了经再生后不同粒径的骨料。

图 5-1 再生后不同粒径的骨料

（a）再生后粒径为 0～5mm 的骨料；（b）再生后粒径为 5～25mm 的骨料；
（c）再生后粒径为 25～31.5mm 的骨料；（d）骨料再生前后的特征比较

目前，代替天然砂石骨料作为再生混凝土生产骨料是简单易行且工艺较成熟的废弃混凝土再生利用途径。废弃混凝土块经破碎筛分后，骨料可分成废混凝土（Ⅰ类）和废砖

（Ⅱ类）两大类。这两类骨料的性能如下：①Ⅰ类中，粒径＜5mm的细颗粒，从细度模数来看属于粗砂，含泥量略微超标，但坚固性满足要求；粒径＞5mm的粗颗粒，与建筑用卵石碎石对比，压碎值能满足要求，表观密度正常，堆积密度较小。②Ⅱ类中，粒径＜5mm的细颗粒，与黏土陶砂对比，坚固性满足要求，只是细度模数和含泥量超标；粒径＞5mm的粗颗粒，与黏土陶粒对比，堆积密度较大。图5-2显示了再生骨料生产工艺，采用机械破碎方式将大块废弃混凝土块破碎成≤500mm的物料；用铲车将其送至给料口；通过振动给料机均匀地输送至颚式破碎机（振动给料机底部设有筛条装置，在输送物料时自动把物料中的小块渣土和粉尘等杂物与物料分离取出）；物料破碎后进入输送带，在其上方设置除铁器用于清除磁性物质（如钢筋）；颚式破碎机和水平输送带结合部设有尖锐硬性物料（钢筋等）阻断装置，保护输送带不被损坏；输送带将物料送进振动筛进行物料分级筛选，得到0～5mm细骨料，5～15mm粗骨料，15～30mm粗骨料；不符合成品规格的物料，经回料带输送机送入反击式破碎机进行二级破碎，然后经输送带重新送至振动筛。

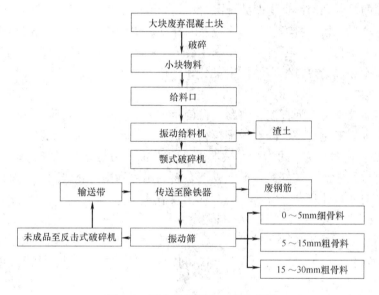

图5-2 再生骨料生产工艺流程图

通常，Ⅰ类再生混凝土的配合比为水∶水泥∶砂∶骨料＝(0.8～1.1)∶1.0∶(1.6～3.2)∶(3.8～4.8)；Ⅱ类再生混凝土配合比为水∶水泥∶砂∶骨料＝(0.8～1.5)∶1.0∶(2.8～3.8)∶(4.8～5.8)。Ⅰ类再生混凝土强度要明显高于Ⅱ类再生混凝土强度。实践表明，采用再生骨料制成的再生混凝土，其性能接近于普通混凝土，一般用于土建基础、普通路面以及非承重结构的混凝土地面。废弃混凝土再生利用的另一途径是作为添加剂取代一定量的水泥。一般做法为：将筛除再生粗骨料后的废旧混凝土筛下物磨细，用其取代5%～20%的水泥，同时可以取代25%的砂子。此做法既发挥了废旧混凝土的剩余活性，又可降低混凝土的水化热和密度（密度约降低100～120kg/m³）。

（2）废沥青混凝土的再生利用

沥青具有热可塑性、易再生的特点，且再生沥青的品质与新材料基本相同，因此再生利用率较高。废沥青混凝土破碎分级后，可作为沥青混凝土块的骨料及再生路基材料使用。

国外对旧沥青路面再生利用的研究，最早是 1915 年在美国开始的，但由于以后大规模的公路建设而忽视了对该技术的研究。1973 年石油危机爆发后，引起了美国对该技术的重视，并在全国范围内进行广泛研究。到 20 世纪 80 年代末，美国再生沥青混合料的用量几乎为全部路用沥青混合料的一半，并在再生剂开发、再生混合料设计、施工设备等方面的研究也日趋深入。

我国对废旧沥青混合料再生利用的研究可分为三个阶段。第一阶段是起步阶段，在 20 世纪 70 年代，我国一些公路养护部门对废旧沥青混合料再生利用进行了尝试性的研究，并取得了一些成果；到 20 世纪 80 年代初期有了进一步的发展。第二阶段是 20 世纪 80 年代中后期到 90 年代初，随着我国高速公路的大量建设，废旧沥青混合料路面再生利用技术被暂时搁置，没有得到进一步的发展。第三阶段是从 20 世纪 90 年代中后期至今，由于早期建成的高速公路陆续到了大修改造时期，而且可持续发展和环境保护议题进一步提上日程，使得废旧沥青混合料的再生利用又成为有关部门关注的焦点。

沥青路面的再生利用，是将旧沥青混合料路面经过翻挖、回收、破碎和筛分后，与再生剂、新沥青材料、新集料等按一定比例重新拌和成混合料，满足一定的路用性能并重新铺筑于路面的一整套工艺。沥青再生技术主要分为热再生和冷再生两大类，其中热再生又分为厂拌热再生和现场热再生，冷再生又分为厂拌冷再生和现场冷再生几种形式。

1）厂拌热再生

厂拌热再生是先将旧沥青混合料路面铣刨后运回工厂，通过破碎、筛分，并根据旧料中沥青含量、沥青老化程度、碎石级配等指标，掺入一定数量的新集料、沥青和再生剂进行拌合，使混合料达到规定的指标，按照铺筑新路面的方法进行铺筑。国内外的经验证明，此方法可以用于品质较好的废旧沥青混合料的再生利用，充分利用了废旧沥青混合料的骨料和所含有的老化沥青，具有良好的社会效益和经济效益。

2）现场热再生

现场热再生是通过现场加热、翻耕、混拌、摊铺、碾压等工序，一次性实现就地旧沥青混合料路面再生，具有无需运输、工效高等优点。主要用于修复沥青路面的表面病害。

3）厂拌冷再生

厂拌冷再生是将旧沥青路面材料运回稳定土搅拌厂，经过破碎作为稳定土的骨料，加入水泥或石灰、粉煤灰、乳化沥青等一种或多种稳定剂或新料进行搅拌，然后用于铺筑。此方法通过改变乳化沥青的用量，根据马歇尔稳定度、流值、孔隙率等技术指标确定乳化沥青的最佳含量。对不能热再生的旧沥青混合料可有效地进行再生利用，混合料主要用于铺筑道路的基层和底基层。

4）现场冷再生

现场冷再生是指对旧路面沥青面层或部分基层材料破碎加工后，作为新结构的基层（或底基层）重新利用。利用专用再生机械在现场进行铣刨、破碎，加入适当新骨料或细集料和外掺剂（水泥、石灰、粉煤灰、水等）拌合、整平和预压，再由压路机进一步压实。这种冷再生技术主要用于高等级公路路面基层或底基层的翻修或重修。

不同的废旧沥青混合料可以选用不同的再生利用方法，各方法具有不同的经济效益和技术效益。技术人员应根据实际情况，选择具有最好效益的再生利用方法。

（3）废黏土砖的再生利用

我国自 20 世纪至今的建筑多为砖混结构,建筑材料以各类黏土砖为主,然而随着黏土砖逐渐被禁止使用,加上这种废砖完整可用的比例十分有限,其再次投入市场的可能性大大降低。国外对废弃黏土砖再利用的体系相对较为完备,其主要方式是将其加工处理后成为其他资源产品的原材料。在国内,对开发商和普通大众来说考虑最多的还是性价比,在这方面黏土砖跟很多市面上的新墙材相比具有较大的优势。

废弃黏土砖资源化利用的几种途径:

1)制备再生骨料混凝土。将以废弃黏土砖为主的废料块放入粉碎机中进行一次粉碎,然后将钢筋、混凝土块、木料等其他废料各自分离出来;然后对经过第一次筛选后的黏土碎块进行第二次破碎,再按照颗粒大小经筛分设备将骨料进行分离,得到符合直径要求的再生骨料。由于得到的废砖骨料在形成工艺上不同于天然骨料,其中残留了一些硬化混凝土碎块,而混凝土碎块中的孔隙较大,将其破碎后会使其内部产生更多孔隙。孔隙越多,其吸水率越高,再生混凝土的强度就越低,所以必须控制废砖骨料所占的比例。当废砖骨料的比例控制在 25%(粗骨料)~50%(细骨料)时,再生骨料混凝土的性能可达到最优。废砖骨料相比于天然骨料,其表面相对粗糙,摩擦力大,表现为流动性、坍落度差,但由于骨料表面粗糙,增大了拌和浇筑的阻力,因此保水性、黏聚性较好。

2)作为水泥混合料。在普通水泥中加入 3%~4% 的废砖粉作为混合料,虽然 3d、7d 抗压强度略低,但 28d 抗折与抗压强度均高于普通水泥。

3)生产墙体材料。黏土砖废弃后仍然具有一定的强度,可用于生产墙体材料。先将废弃黏土砖用破碎机破碎,二次用磨球磨成粉末。将黏土砖粉末与水泥混合,加入适量细集料、激发剂与发泡剂,搅拌均匀后置入模板中待其定型,得到节能保温的新墙体材料。

(4)拆除废砂浆的再生利用

1)建筑物拆除过程中产生的粉末状水泥砂浆可作为细骨料来用。其硬化的水泥砂浆包裹在砂颗粒周围,增大了骨料的粒径,同时水泥水化颗粒也能改善骨料的级配。

2)拆除过程中产生的块度比较大的水泥砂浆可作粗骨料使用,块度比较小的水泥砂浆经粉碎后作细骨料使用。例如用废砂浆与碎砖块生产再生混凝土,由于碎砖块和砂浆的抗拉强度差别较小,同时碎砖块空隙多、表面粗糙,可以加强砂浆和骨料的界面结合,减少再生混凝土产生界面微裂缝的可能,有利于提高再生混凝土的强度。如以一定比例的废旧砖、砂浆细颗粒取代天然砂,还可配制砂壁状涂料,其耐水性和耐碱性大大超过了标准的指标,技术上是可行的。利用废砂浆作为骨料再生既可节省天然砂石资源、降低成本,同时又可以减轻建筑垃圾对环境的污染,较好地实现了环境效益和经济效益兼得的目的。

(5)施工中散落的砂浆和混凝土的再生利用

运输过程中散落的湿砂浆、混凝土可通过冲洗的方法将其还原为水泥浆,对石子和砂进行回收。国外已经开发了专门用来回收湿砂浆和混凝土的特种机器。化学回收法是另一种可考虑的方法,主要是利用聚合物将砂浆、混凝土直接黏结形成砌块。此外,将凝固的砂浆、混凝土作为再生骨料回收利用也是方法之一。

建筑垃圾再生利用流程见图 5-3。

5.1.2 预处理设计案例

以某城市餐厨垃圾为例,该垃圾含 80% 的可燃物和 20% 的不可燃物,可燃物由厨余、纸屑、布条、草木、塑料、橡胶和皮革组成,不可燃物由渣石、玻璃、罐头盒、有色金属

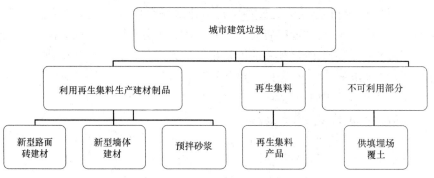

图 5-3 建筑垃圾再生利用流程图

和黑色金属组成。其中预处理包括破碎、筛分、人工分选、磁选。餐厨垃圾的卧式干法厌氧消化预处理工艺流程如图 5-4 所示。

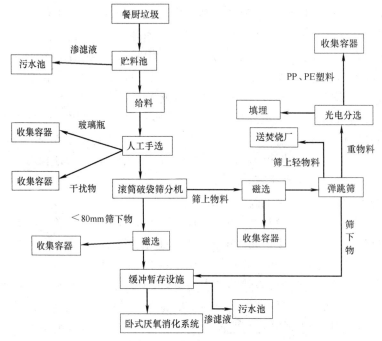

图 5-4 卧式干法厌氧消化预处理工艺流程图

5.1.3 设计作业

某市西部为居住区和生活区，东部为工业区，北侧为山体，南侧为城市生活空间拓展区。

某市垃圾成分热值分析见表 5-1、表 5-2。

某市垃圾成分

表 5-1

序 号	检测项目	检测结果	备 注
1	密度(kg/m³)	238	《生活垃圾采样和分析方法》 CJ/T 313—2009
2	厨余类(%)	36.58	
3	纸类(%)	17.33	

序 号	检 测 项 目	检 测 结 果	备 注
4	木竹类(%)	4.2	
5	橡塑类(%)	11.93	
6	纺织类(%)	6.39	
7	玻璃类(%)	2.3	《生活垃圾采样和分析方法》
8	金属类(%)	1.09	CJ/T 313—2009
9	砖瓦陶瓷类(%)	2.05	
10	灰土类(%)	—	
11	其他(%)	2.86	
12	混合类(%)	14.87	

工业分析及其热值 表 5-2

序 号	检 测 项 目	检 测 结 果	备 注
1	可燃物(%)	20.74	
2	灰分(%)	27.95	
3	热值(kJ/kg)	5327	
4	固定碳(%)	57.56	
5	水分(%)	32.8	
6	挥发分(%)	12	
7	灰熔点(℃)	745	
8	有机质(%)	30	
9	总铬(mg/kg)	0.0077	
10	汞(mg/kg)	0.001	
11	pH 值	3.5	
12	镉(mg/kg)	未检出	《生活垃圾采样和分析方法》
13	铅(mg/kg)	未检出	CJ/T 313—2009
14	砷(mg/kg)	0.0064	
15	全氮(%)	3.2	
16	全磷(%)	9	
17	全钾(%)	10	
18	C(%)	20.7	
19	H(%)	6.3	
20	O(%)	16.4	
21	S(%)	0.012	
22	Cl(%)	0.021	
23	F(%)	未检出	

注：灰熔点是固体燃料中的灰分，达到一定温度以后，发生变形，软化和熔融时的温度，它与原料中灰分组成有关，灰分中三氧化二铝、二氧化硅含量越高，灰熔点越高；三氧化二铁、氧化钙和氧化镁含量越高，灰熔点越低。

该市生活垃圾热值为 5327kJ/kg。同时，经实践经验发现垃圾需发酵 3～5d，目的是截留渗滤液，并且在第 5 天可使其低位热值提高 40％以上，满足国家入炉热值大于 5000kJ/kg 的要求。

拟建项目为一期，建设规模为处理生活垃圾 600t/d，合 200000t/a（全年按 8000h/a 计），服务年限为 25 年（不含建设期）。生产的主要产品为电，发电量 7.255×10^4 kWh/a，电为清洁能源。

本项目工程内容主要由主体工程、储运工程、辅助工程、公用工程、环保工程及生活设施等组成，涉及的具体设施主要包括五部分内容：①生产设施；②生产辅助设施；③"三废"及噪声的处理设施；④生产管线的铺设；⑤其他设施。其中生产设施主要包括垃圾焚烧发电生产线的全部设备选用和配置；生产辅助设施主要为维修车间和化验室的配置、生产用辅助材料的制备和储存，生产原料的储存由公司根据实际用量及时配送；"三废"及噪声的处理设施主要包括废水、废气、固体废物和噪声的处理系统及配套设施；生产管线的铺设主要指生产管线、水管、汽管的选用和路线选取、铺设；其他设施指与工程配套的仪表自动化、供配电、给水排水、采暖通风、环保、消防、空调的安装等。

试设计一套该市生活垃圾焚烧厂工艺。要求：

（1）从预处理到最终处置过程完整；

（2）画出相应的工艺流程简图（框图即可），并附必要的说明；

（3）尽可能突出工艺过程的特点（附文字说明）。

5.2 实 训 活 动

5.2.1 固体废物破碎与筛分实验

固体废物破碎目的及优缺点比较：

固体废物的破碎作业是固体废物处理过程中所采用的重要辅助作业之一。固体废物的破碎是利用外力克服固体废物质点间的内聚力而使大块固体废物分裂成小块的过程。固体废物的磨碎是使小块固体颗粒分裂成细粒的过程。固体废物的筛分是根据产物粒度的不同，利用不同筛孔尺寸的筛子将物料中小于筛孔尺寸的细粒透过筛面，大于筛孔尺寸的粗物粒留在筛面上，从而完成粗、细颗粒分离的过程。破碎作业的主要目的是减小固体废物的尺寸，降低其孔隙率，增大固体废物形状的均匀度，使固体废物有利于后续处理与资源化利用。

破碎之所以被认为是固体废物处理工艺中最重要的预处理工序之一，是因为它有如下两个突出优点：

（1）破碎后的固体废物颗粒小，密度大，便于压实、运输和储存；便于进一步地处理处置与资源化；可以有效地回收固体废物中的某种成分；提高焚烧、热分解、熔融等作业的稳定性和热效率；在进行填埋处置时，由于压实密度高而均匀，可以加快覆土还原。

（2）防止粗大锋利的固体废物损坏分选、焚烧和热解等的设备或炉膛。

任何一种工艺都具有两面性，破碎工艺也不例外。由于废物在破碎时会产生大量的尘埃且会产生高温，因此，当破碎尘埃中含有较多有机物质时，就可能发生爆炸。在美国，一些垃圾处理场为消除爆炸隐患，做了许多实验，最后认为，在垃圾破碎装置中，配备能产生水雾的消尘系统，即能产生最好的防爆效果。过细的垃圾也会对填埋处置产生不利影响。垃圾过度破碎，会延长垃圾的厌氧降解产酸阶段，使垃圾渗滤液长时间处于低 pH 值、高有机碳浓度状态下，不利于甲烷的产生，减慢了垃圾的降解速度。

1. 实验目的

(1) 了解固体废物破碎和筛选的目的和意义；

(2) 了解固体废物破碎设备和筛分设备；

(3) 掌握固体废物破碎设备和筛分设备的使用技术；

(4) 熟悉破碎和筛分的实验流程；

(5) 学会计算破碎、粉磨后不同粒径范围内的固体废物所占的百分数。

2. 实验原理

破碎主要控制参数：

(1) 破碎比

在破碎过程中，原废物粒度与破碎产物粒度的比值称为破碎比。破碎比表示废物粒度在破碎过程中减少的倍数，也就是表征了废物被破碎的程度。破碎机的能量消耗和处理能力都与破碎比有关。破碎比的计算方法有以下两种。

第一，用废物破碎前的最大粒度（D_{max}）与破碎后的最大粒度（d_{max}）之比表示，即：

$$i_{max} = D_{max}/d_{max} \tag{5-1}$$

i_{max} 称为极限破碎比，在工程设计中经常被采用，常依据最大物料粒径来选择破碎机进料口的宽度。

第二，用废物破碎前的平均粒度（D_{cp}）与破碎后的平均粒度（d_{cp}）之比表示，即：

$$i_{cp} = D_{cp}/d_{cp} \tag{5-2}$$

i_{cp} 称为真实破碎比，能较真实地反映破碎程度，在工程和理论研究中常被采用。一般破碎机的平均破碎比在 3～30 之间，而采用磨碎原理破碎的破碎机破碎比可达 40～400 甚至更高。

(2) 破碎段

固体废物每经过一次破碎机或磨碎机称为经过一个破碎段。若所要求的破碎比不大，则一段破碎即可。但对于固体废物的分选工艺，例如浮选、磁选等，由于要求入料的粒度很细，破碎比很大，所以往往根据实际需要将几台破碎机或磨碎机依次串联起来，对固体废物进行多次（段）破碎，其总破碎比等于各段破碎比（i_1, i_2, i_3, …, i_n）的乘积，即：

$$i = i_1 \cdot i_2 \cdots\cdots i_n \tag{5-3}$$

破碎段数是决定破碎工艺流程的基本指标，它主要决定破碎废物的原始粒度和最终粒度。一方面，破碎段数越多，破碎流程就越复杂，工程投资也就相应增加得越多，因此，如果条件允许的话，应尽量减少破碎段数；另一方面，为了避免机器的过度磨损，工业固体废物的尺寸减小往往分几步进行，一般采用三级破碎。

3. 实验仪器与设备

（1）破碎机 1 台；

（2）球磨机 1 台；

（3）电动筛分机 1 台；

方孔筛：规格 0.15mm、0.3mm、0.6mm、1.18mm、2.36mm、4.75mm 及 9.5mm 的筛子各一个，并附有筛底和筛盖；

（4）鼓风干燥箱 1 台；

（5）台式天平（15kg）1 台；

（6）刷子 1 把；

（7）实验样品若干。

4. 实验步骤

（1）称取样品不少于 600g 在（105±5）℃下烘干至恒重；

（2）称取烘干后试样 500g 左右，精确至 1g；

（3）将实验颗粒倒入按孔径大小从上到下组合的套筛（附筛底）上；

（4）开启电动筛分机，对样品筛分 15min；

（5）筛分后将不同孔径的筛子里的颗粒进行称重并记录数据；

（6）将称重后的颗粒混合，倒入破碎机进行破碎 5min；

（7）收集破碎后的全部物料，倒入球磨机进行粉磨 5min；

（8）将破碎后的颗粒再次放入电动筛分机，重复（3）、（4）、（5）步骤；

（9）分别称取不同筛孔尺寸筛子的筛上产物质量，记录数据；

（10）将称量完的物料倒入回收桶中，收拾实验室，完成实验结果与分析。

5. 实验结果与分析

（1）计算真实破碎比

真实破碎比（i_{cp}）＝废物破碎前的平均粒度（D_{cp}）/破碎后的平均粒度（d_{cp}）

（2）计算细度模数（见《普通混凝土用砂、石质量及检验方法标准》JGJ 52—2006）

$$M_x = \frac{(A_2 + A_3 + A_4 + A_5 + A_6) - 5A_1}{100 - A_1} \tag{5-4}$$

式中　　　　　　　　M_x——细度模数；

A_1、A_2、A_3、A_4、A_5、A_6——分别为 4.75mm、2.36mm、1.18mm、0.6mm、0.3mm、0.15mm 筛的累积筛余百分率。

细度模数是判断颗粒粗细程度及类别的指标。细度模数越大，表示颗粒粒径越大。

（3）实验记录

破碎前总质量：＿＿＿＿＿＿　　破碎后总质量：＿＿＿＿＿＿

实验记录表见表 5-3。

分计筛余百分率：各号筛余量与试样总量之比，计算精确至 0.1%；累积筛余百分率：各号筛的分计筛余百分率加上该号以上各分计筛余百分率之和，精确至 0.1%。筛分后，如每号筛的筛余量与筛底的剩余量之和同原试样质量之差超过 1%，则应重新实验。

筛孔粒径 (mm)	破碎前			破碎后		
	筛余量 (g)	分计筛余百分率 (%)	累积筛余百分率 (%)	筛余量 (g)	分计筛余百分率 (%)	累积筛余百分率 (%)
9.5						
4.75						
2.36						
1.18						
0.6						
0.3						
0.15						
筛底						
合计						
差量						
平均粒径						

平均粒径 d_{pj} 使用分计筛余百分率 p_i 和对应粒径 d_i 计算:

$$d_{pj} = \sum_{i=1}^{n} p_i d_i \tag{5-5}$$

6. 实验注意事项

（1）由于该实验中实验设备操作不当对人的生命安全危害较大，使用时须严格参照说明书并在老师指导下进行。

（2）使用前要检查破碎机、球磨机、电动筛分机是否可以正常运转，待正常运转后方可投加物料。

（3）使用后及时关闭实验设备和电源，保持实验设备整洁、干净。

（4）要合理处置实验后的物料，避免造成再次污染。

7. 思考题

（1）固体废物进行破碎和筛分的目的是什么？

（2）破碎机有哪些？各有什么特点？

（3）影响筛分的因素有哪些？

5.2.2 固体废物压实实验

压实也称压缩，是利用机械的方法减少固体废物的孔隙率，将其中的空气挤压出来增加固体废物的聚集程度。以城市固体废物为例，压实前密度通常在 $0.1 \sim 0.6 t/m^3$ 范围，经过压实器或一般压实机械压实后密度可提高到 $1 t/m^3$ 左右，因此，固体废物填埋前通常需要进行压实处理，尤其对大型废物或中空性废物事先压缩显得更为必要。压实操作的具体压力大小可以根据处理废物的物理性质（如易压缩性、脆性等）而定。一般开始阶段，随压力的增加，物料的密度会迅速增加，以后这种变化会逐步减弱，且有一定限度。实践证明，未经破碎的原状城市垃圾，压实密度极限值约为 $1.1 t/m^3$。比较经济的办法是先破碎再进行压实，这样可以很大程度上提高压实效率，即用比较小的压力取得相同的增加密度效果。目前压实已成为一些国家处理城市垃圾的一种现代化方法。该方法不仅便于运输，而且还具有可减轻环境污染和节省填埋或储存场地等优点。固体废物经压实处理后，体积减小的程度叫压缩比。废物压缩比取决于废物的种类及施加的压力。一般压缩比为3～5。同时采用破碎与压实技术可使压缩比增加到5～10。

1. 实验目的

（本实验为验证性实验）

（1）了解固体废物压实的工作原理；

（2）掌握固体废物压实效果的计算和评价方法。

2. 实验原理

评价固体废物压实的效果以及比较压实技术与压实设备的效率，可以通过密度、孔隙率、孔隙比、体积减小百分比、压缩比和压缩倍数来表示。

（1）孔隙比与孔隙率

固体废物可设想为各种固体物质颗粒及颗粒之间充满空气孔隙共同构成的集合体。由于固体颗粒本身孔隙较大，而且许多固体物料有吸收能力和表面吸附能力，因此废物中水分子主要存在于固体颗粒中，而不存在于孔隙中，不占据体积。因此固体废物的总体积（V_m）就等于包括水分在内的固体颗粒体积（V_s）与孔隙体积（V_v）之和。即：

$$V_m = V_s + V_v \tag{5-6}$$

废物的孔隙比（e）可以定义为：

$$e = V_v / V_s \tag{5-7}$$

在实际的生产操作中用得最多的参数是孔隙率（ε），可以定义为：

$$\varepsilon = V_v / V_m \tag{5-8}$$

孔隙比或孔隙率越低，表明压实程度越高，相应的密度越大。孔隙率的大小对于堆肥化工艺供氧、透气性及焚烧过程物料与空气接触效率也是重要的评价参数。

（2）湿密度与干密度

固体废物总质量（W_m）等于固体物质质量（W_s）与水分质量（W_w）之和，即：

$$W_m = W_s + W_w \tag{5-9}$$

固体废物的湿密度ρ_w和干密度ρ_d，可分别由公式（5-10）和公式（5-11）表示，即：

$$\rho_w = W_m / V_m \tag{5-10}$$

$$\rho_d = W_s / V_m \tag{5-11}$$

实际上，废物收运及处理过程中测定的物料质量通常包括水分，故一般所称的固体废物密度都指的是其湿密度。压实前后固体废物密度值及其变化率大小，是度量压实效果的重要参数。

（3）体积减小百分比

体积减小百分比（R）一般用下式表示，即：

$$R = [(V_i - V_f) / V_i] \times 100\% \tag{5-12}$$

式中　R——体积减小百分比，%；

　　　V_i——压缩前废物的体积，m^3；

　　　V_f——压缩后废物的体积，m^3。

（4）压缩比与压缩倍数

压缩比（r）可定义为：

$$r = V_f / V_m \quad (r \leqslant 1) \tag{5-13}$$

显然，r 越小，证明压实效果越好。

压缩倍数（n）可定义为：

$$n = V_m / V_f \quad (n \geqslant 1) \tag{5-14}$$

由此可知，n 与 r 互为倒数，n 越大证明压实效果越好。在工程上，一般习惯用 n 来说明压实效果的好坏。

3. 实验仪器与设备

（1）垃圾压实机 1 台；

（2）体积测量桶 1 个；

（3）台式天平（10kg）1 台；

（4）钢尺数把。

4. 实验步骤

（1）实验准备

各实验小组分别自取生活垃圾若干，要求最大尺寸不超过 10cm。

（2）实验过程

1）用台式天平测量待压实垃圾的质量；

2）用体积测量桶测量压实前垃圾的体积；

3）将待压实垃圾放入垃圾压实机中，开启电机进行压实，压实过程中需不定时记录压实力与压实后的垃圾厚度；

4）完成压实后，取出压实垃圾；

5）测量压实后垃圾的体积和质量。

5. 实验结果与分析

（1）实验记录

实验记录表如表 5-4、表 5-5 所示。

垃圾压实前后的变化 表 5-4

试样编号	压 实 前		压 实 后		
	质量(kg)	体积(m³)	质量(kg)	体积(m³)	渗滤液产量(mL)
1					
2					

垃圾压实过程中压实力与垃圾厚度的变化 表 5-5

序 号	压 实 力	垃圾厚度(cm)

（2）实验结果分析

1）绘制压实力与垃圾密度的关系曲线；

2）计算实验垃圾的压缩比和压缩倍数；

3）绘制垃圾压实物料平衡图。

6. 实验注意事项

（1）选取垃圾时应适当控制压实垃圾中塑料瓶的数量；

（2）在压实过程中密切注意压实机的状态，避免过度压实导致设备损坏。

7. 思考题

（1）度量压实效果的主要指标有哪些，相互之间有什么关系？

（2）试对压实结束时垃圾在压实器中的密度与取出后的密度进行比较，分析压实垃圾回弹的原因，提出控制措施。

5.2.3 固体废物风力分选实验

1. 实验目的

（1）加强对风力分选基本原理的掌握与主要工艺过程的了解；

（2）通过观察风力分选过程，掌握固体废物中各种组分运动轨迹的基本规律，了解工艺流程、主要设备结构、过程控制参数与技术经济指标；

（3）通过实验，使理论与实践相结合，在提高实际动手能力的同时，进一步巩固所学基础理论知识；

（4）通过由学生自己制定实验计划和操作程序，加强学生的实验研究能力、理论知识的应用能力、团结协作的能力，最终达到专业素质的综合提高。

2. 实验原理

风力分选的基本原理是使物料通过向上或水平方向的气流，轻物料被带至较远的地方，而重物料则由于不能被向上气流支承或由于有足够的惯性不被水平气流改变方向而沉降。两种情况如图 5-5 和图 5-6 所示。当被气流带走的轻物料需要进一步从气流中分离出来时，一般用旋流器分离。

风力分选方法具有工艺简单的特点，作为一种传统的分选方法，被许多国家广泛地使用在城市垃圾的分选中。

风力分选机要能有效地识别轻、重物料，一个重要的条件，是要使气流在分选筒中产生湍流和剪力，从而把物料团块进行分散，达到较好的分选效果。

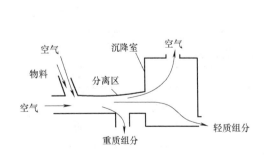

图 5-5　水平式气流风力分选机工作原理图

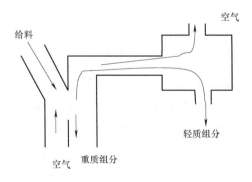

图 5-6　立式气流风力分选机工作原理图

3. 主要仪器及耗材

风力分选机；破碎机等。

4. 实验内容和实验步骤

（1）预先将城市垃圾破碎到一定粒度，调整水分在 45％以下，定量给入分选机，同时，由鼓风机送入水平气流，垃圾中各组分按密度差异分选，粗选为重质组分（金属、瓦块等）、中重组分（木块、硬塑料）和轻质组分（塑料薄膜、纸类等）；

（2）将上述各种组分分别送振动筛分级后，再送入立式气流风力分选机进行二次风选，使有机物与无机物分离。

5. 实验结果与分析

（1）实验记录

风力分选实验记录表如表 5-6 所示。

风力分选实验记录表　　　　　　　　　　　　　　　　　　表 5-6

试样编号	风力分选前质量(kg)	风力分选后质量(kg)		
		收集槽 1	收集槽 2	收集槽 3
1				
2				
3				
4				
5				

（2）实验结果分析

1）绘制不同风力分选方式中重质组分、中重组分和轻质组分的比例曲线；

2）计算每次风力分选后的产品回收率。

6. 实验注意事项

（1）城市垃圾一定要破碎到粒级相对较窄；

（2）城市垃圾的含水率太高将直接影响到风力分选的效果。

7. 思考题

（1）两级风力分选的目的是什么？

（2）分选过程中，小密度粗粒度颗粒与大密度小粒度颗粒其运动轨迹有什么关系？

（3）根据实验结果分析影响风力分选效果的主要因素有哪些？

5.2.4　固体废物磁力分离实验

1. 实验目的与意义

（1）通过本实验直观了解和掌握固体废物分离中磁力分离的原理；

（2）熟悉固体废物性质对磁力分离的影响；

（3）掌握对磁力分离设备的使用；

（4）掌握全铁的分析方法；

（5）掌握磁力分离实验数据整理及结果分析方法。

2. 实验原理

磁力分离是根据不同固体废物间磁性的差异，在磁选设备产生的磁场作用下，把固体废物分成磁性和非磁性物料的过程。

3. 实验设备和原料

（1）实验设备

磁选机1台；300g天平或托盘天平；塑料接料斗4个；30mm毛刷1把。

（2）实验原料

含铁固废物料；

铁分析试剂：见《铁矿石 全铁含量的测定 三氧化钛还原法》的要求；采用化学滴定或原子吸收分析各产物的铁含量。

4. 实验步骤

（1）准备物料：称干含铁固废物料202g，如果不干，则应烘干，从物料中取出2g样品；

（2）把磁性和非磁性产物接料斗并排放在磁选机出料口，注意位置；

（3）把磁选机插头插上，并接通本机电源；

（4）调节磁极间距至4mm；

（5）旋转激磁旋钮，调节激磁电流至0.4A，查出对应磁场强度并记录；

（6）调节隔板位置，并拧紧螺帽；

（7）选择振动旋钮，旋转振动旋钮，至用手能明显感受到振动，如果料走不快，还可增加振动强度；

（8）合上刷把；

（9）缓慢给料，要求呈一薄层并连续给料；

（10）给料完毕，多振动约1min，并清理磁性和非磁性产物；

（11）把两产物拿去烘干并称重，记录质量；

（12）从两产物中分别取出约2g的样品，装在样品袋中；

（13）重新称量剩余的非磁性产物；

（14）把激磁电流调至1.2A，查出对应磁场强度并记录；

（15）重复步骤（9）～（12）。

5. 分析与计算

对取得的5个样品进行全铁分析；计算固废物料磁性分离铁的总回收率。

根据铁分析结果，计算一段作业铁的回收率及两段作业铁的总回收率。实际回收率：在不知道产率的情况下可以根据这个公式计算：实际回收率＝（原矿品位×（精矿品位－尾矿品位））/（精矿品位×（原矿品位－尾矿品位）），有一定误差，主要来源是化验误差；理论回收率：理论回收率主要指矿在实验室能达到的最佳回收率，比实际要高；实验室计算公式为：回收率＝精矿品位×产率/原矿品位。实际产率估算：当算出回收率以后，可以用实验室公式反推产率。

6. 实验结果

磁力分离实验记录表如表5-7所示。

试样编号	分离前质量(kg)	分离后质量(kg)	
		产物 1	产物 2
1			
2			
3			
4			
5			

7. 思考题

（1）磁力分离的定义及特点？

（2）磁力分离的适用性？

第6章 固体废物的固化/稳定化技术实验

由于固化/稳定化技术在对具有毒性或强反应性等危险废物及其他处理过程中所产生的残渣处理方面，以及污染土壤恢复等方面具有特殊的功能，使其得到了广泛应用。固化/稳定化技术种类繁多，如水泥固化技术、石灰固化技术、塑性材料包容技术、自胶结固化技术、熔融固化技术、高温烧结技术、土壤聚合物固化技术、化学稳定化材料技术等。通过本章的学习您将进一步了解固化/稳定化技术的应用，掌握固体废物固化/稳定化技术的原理、方法、仪器设备、原料等，提升您的实践能力。

学习目标

本章学习完后，您的实践操作能力将得到提升，并能够：

（1）对固体废物固化/稳定化技术的应用有进一步的了解；

（2）掌握固体废物固化/稳定化技术的原理、方法；

（3）会使用相关仪器设备。

学习内容

6.1 固化/稳定化技术的应用

6.2 实训活动

学习时间

2学时。

学习方式

本章实训活动共设计了2个实验，可以根据学校实验条件和学时要求选择其中的1个进行实验，也可以邀请相关专家作科研讲座或组织实习。

需要的材料

通过图书馆数据库获取相关信息，如清华同方（CNKI）数据库、超星电子图书、万方数据库、维普期刊，英文数据库如 WILEY 等，或通过阅读电子期刊、阅读相关资料、实训调研等途径获取相关信息，撰写自学成果报告，为课中的交流做好准备。

6.1 固化/稳定化技术的应用

固化/稳定化技术已用于许多废物的处理中，包括金属表面加工废物、电镀及铅冶炼酸性废物、尾矿、废水处理污泥、焚烧飞灰、食品生产污泥和烟道气处理污泥等。固化/稳定化技术在对具有毒性或强反应性等危险废物及其他处理过程中所产生的残渣处理方面，以及污染土壤恢复等方面具有特殊的功能。

（1）对具有毒性或强反应性等危险废物进行处理，使其满足填埋处置的要求。例如，在处置液态或污泥态的危险废物时，由于液态物质的迁移特性，在填埋处置以前，必须要先经过稳定化的过程。不可以使用液体吸收剂，因为当填埋场处于足够大的外加负荷时，被吸收的液体很容易重新释放出来。所以这些液体废物必须使用物理或化学方法用稳定剂固定，使其即使在很大的压力下或者在降水的淋溶下也不至于重新形成污染。

（2）对其他处理过程中所产生的残渣处理。例如，对焚烧产生的飞灰进行无害化处理。焚烧过程可以有效地破坏有机毒性物质，而且具有很大的减容效果。但与此同时，其残渣中也必然会浓集某些化学成分，甚至浓集放射性物质。又比如，在锌铅的冶炼过程中，会产生含有相当高浓度砷的废渣，这些废渣的大量堆积，必然会对地下水造成严重污染。此时对废渣进行稳定化处理是非常必要的。

（3）对污染土壤进行修复。当大量土壤被有机废物或者无机废物所污染时，可以借助稳定化技术进行污染物生物可利用性（迁移性）控制或采用其他方式使土壤得以修复。与其他方法（如封闭与隔离）相比，稳定化具有相对永久性的作用，当大量土地遭受较低程度的污染时，尤其有效。因为稳定化技术是通过减小污染物传输表面积或降低其溶解度的方法防止污染物的扩散，或者利用化学方法将污染物改变为低毒或无毒的形式而达到目的的。所以，在污染场地土壤治理中稳定化技术具有非常重要的作用。如美国在1980—2005年间，对863个污染场地的治理工程中，采用固化/稳定化技术的有205个，占全部修复工程的24%。图6-1和图6-2显示了固化模具和成型的水泥固化体实物。

图 6-1　固化模具

图 6-2　成型的水泥固化体

6.2　实训活动

6.2.1　有害固体废物固化实验

1. 实验目的

（1）了解固化处理的基本原理；

（2）初步掌握固化处理有害固体废物的工艺过程和研究方法。

2. 实验原理

用物理-化学方法将有害废物掺合并包容在密实的惰性基材中使其达到稳定化的处理方法叫作固化处理。有害废物经固化处理后，其渗透性和溶出性均可降低，所得固化块能安全地运输和方便地进行堆存或填埋，稳定性和强度适宜的产品还可以作为筑路基材或建筑材料使用。

本实验采用水泥为基材，固化工业废渣。

水泥固化的原理是：水泥是一种无机胶凝材料，是以水化反应的形式凝固并逐渐硬化的，其水化生成的凝胶将有害废物包容固化，同时，由于水泥为碱性物质，有害废物中的重金属离子也可生成难溶于水的沉淀而达到稳定化。

3. 实验要求

（1）正确地掌握实验仪器设备的使用方法及操作规程，熟悉固化处理的一般步骤；

（2）正确地进行各种原料的配比计算，称量；

（3）准确地记录实验数据，填写表格，并进行相应的计算。

4. 实验仪器设备及原料

（1）实验仪器设备

台秤；天平；凝结时间测定仪；胶砂搅拌机；模具；振动台；标准养护箱；秒表；量筒；压力实验机。

（2）实验原料

普通硅酸盐水泥；黄砂；工业废渣。

5. 实验步骤

（1）测定水泥砂浆的标准稠度和凝结时间（《水泥标准稠度用水量、凝结时间、安定性检验方法》T0505—2005）

1）水泥净浆拌制：用水泥净浆搅拌机搅拌，搅拌锅和搅拌叶先用湿布擦过，将拌合水倒入搅拌锅中，然后5～10s内小心将称好的500g水泥加入水中，防止水和水泥溅出；拌和时，先将锅放在搅拌机的锅座上，升至搅拌位置，启动搅拌机，低速搅拌120s，停15s，同时将叶片和锅壁上的水泥净浆刮入锅中间，接着高速搅拌120s停机。

2）标准稠度用水量测定：标准稠度用水量可用调整水量和不变水量两种方法中的任一种测定，如有争议时以调整水量方法为准。采用调整水量法时拌合水量按经验确定，采用不变水量法时拌合水量用142.5mL，水量准确至0.5mL。拌和结束后，立即将拌制好的水泥净浆装入已放在玻璃板上的试模中，用小刀插捣，轻轻振动数次，刮去多余的净浆。抹平后迅速将试模和底板移到维卡仪上，并将其中心定在试杆下，降低试杆直到与水泥净浆表面接触，拧紧螺栓1～2s后，突然放松，使试杆垂直自由地沉入水泥净浆中。在试杆停止沉入或释放试杆30s时记录试杆到底板的距离，升起试杆后，立即擦净。整个操作应在搅拌后1.5min内完成。以试杆沉入净浆并距底板（6±1）mm的水泥净浆为标准稠度净浆。其拌合水量为该水泥的标准稠度用水量P，按水泥质量的百分比计。按公式（6-1）计算标准稠度用水量：

$$P = 33.4 - 0.185S \tag{6-1}$$

式中　P——标准稠度用水量，%；

　　　S——试杆在水泥净浆中的下沉深度，mm。

3）用标准稠度用水量制成标准稠度的水泥砂浆，立即一次倒入圆模中，振动刮平后放入养护箱内。

4）测定凝结时间。初凝时间测定：记录水泥全部加入水中至初凝状态的时间作为初凝时间，用"min"计。试件在湿气养护箱中养护至加水后30min时进行第一次测定。测定时，从湿气养护箱中取试模放到试针下，降低试针使其与水泥净浆表面接触。拧紧螺栓

1～2s 后，突然放松，使试针垂直自由地沉入水泥净浆中。观察试针停止沉入或释放试针 30s 时指针的读数。临近初凝时，每隔 5min 测定一次。当试针沉至距底板（4±1）mm 时，为水泥达到初凝状态。达到初凝时应立即重复测一次，当两次结论相同时才能定为达到初凝状态。终凝时间测定：水泥全部加入水中至终凝状态的时间为水泥的终凝时间，用"min"计。为了准确观察试针沉入的状况，在试针上安装了一个环形附件。在完成初凝时间测定后，立即将试模连同浆体以平移的方式从底板下翻转 180°，大端向上、小端向下放在底板上，再放入湿气养护箱中继续养护。临近终凝时间时每隔 15min 测定一次，当试针沉入试件 0.5mm 时即环形附件开始不能在试件上留下痕迹时，为水泥达到终凝状态。达到终凝时应立即重复测一次，当两次结论相同时才能定为达到终凝状态。

测定时应注意，在进行最初测定的操作时应轻轻扶持金属柱，使其缓慢下降，以防止试针撞弯，但结果以自由下落为准；在整个测试过程中试针沉入的位置至少要距试模内壁 10mm。每次测定不能让试针落入原针孔，每次测试完毕应将试针擦净并将试模放回湿气养护箱内，整个测试过程要防止试模振动。

（2）制作水泥固化试块

1）按配比分别称量水泥、黄砂和工业废渣，并按标准稠度用水量计算用水量并准确量取；

2）将全部干物料给入胶砂搅拌机，启动，15s 后将水倒入，搅拌机按标准时间搅拌后自动停机；

3）从搅拌机上取下搅拌锅，将标准模具固定在振动台上，将搅拌后的砂浆倒入标准模具内并启动振动台；

4）振动结束后，取下模具，用刮刀刮平，放入养护箱，24h 后脱模，并继续进行水中养护；

5）3d 后取出，测定抗压强度。

6. 实验记录

（1）标准稠度用水量的计算；

（2）原料配比的计算及结果；

（3）凝结时间的测定结果；

（4）抗压强度的测定结果。

7. 实验注意事项

（1）实验前要认真阅读实验说明书及教材的相关内容；

（2）实验中要仔细操作，做好记录；

（3）实验结束后清理好仪器设备，方能离开；

（4）实验报告中的实验记录应列表表示。

6.2.2　危险废物重金属含量及浸出毒性测定实验

参照《固体废物　浸出毒性浸出方法　硫酸硝酸法》HJ/T 299—2007 和《固体废物浸出毒性浸出方法　醋酸缓冲溶液法》HJ/T 300—2007。

1. 实验目的

（1）掌握危险废物中重金属含量的测定方法；

（2）掌握危险废物浸出毒性的测定方法；

（3）了解危险废物浸出毒性对环境的污染与危害。

2. 实验原理

危险废物是指列入《国家危险废物名录》或根据国家规定的危险废物鉴别标准和鉴别方法认定的具有危险特性的废物。危险废物具有毒性、腐蚀性、易燃性、反应性和感染性等一种或几种危害特性。含有有害物质的固体废物在堆放或处置过程中，遇水浸沥，使其中的有害物质迁移转化，污染环境。浸出实验是对这一自然现象的模拟实验。当浸出的有害物质的量值超过相关法规提出的阈值时，则认为该废物具有浸出毒性。

浸出是可溶性组分通过溶解或扩散的方式从固体废物中进入浸出液的过程。当填埋或堆放的固体废物与液体接触时，固相中的组分就会溶解到液相中形成浸出液。组分溶解的程度取决于液固相接触的点位、废物的特性和接触的时间。浸出液的组成及其对水质的潜在影响，是确定该种废物是否为危险废物的重要依据，也是评价这种废物所适用的处置技术的关键因素。

3. 实验设备与试剂

（1）试剂

1）浓硫酸：优级纯。

2）浓硝酸：优级纯。

3）冰醋酸：优级纯。

4）1mol/L 氢氧化钠溶液。

5）1mol/L 硝酸溶液、5％硝酸溶液。

6）1mol/L 盐酸溶液。

7）试剂水：去离子水。

8）硫酸硝酸混合浸提剂 1 号：将质量比为 2∶1 的浓硫酸和浓硝酸混合液加入到试剂水（1L 水约 2 滴混合液）中，使 pH 值为 3.20±0.05。该浸提剂用于测定样品中重金属和半挥发性有机物的浸出毒性。浸提剂 2 号：试剂水。用于测定氰化物和挥发性有机物的浸出毒性。

9）醋酸缓冲溶液浸提剂 1 号：加 5.7mL 冰醋酸至 500mL 试剂水中，加 64.3mL 1mol/L 氢氧化钠溶液，稀释至 1L。配制后溶液的 pH 值应为 4.93±0.05。

浸提剂 2 号：用试剂水稀释 17.25mL 的冰醋酸至 1L。配制后溶液的 pH 值应为 2.64±0.05。

（2）设备与材料

1）加热装置：电热板或消解仪；

2）磁力搅拌器；

3）定容装置：1000mL、100mL、50mL 容量瓶及 100mL 量筒；

4）浸取容器：2L 密封塞广口聚乙烯瓶；

5）浸取装置：翻转式振荡器，转速为（30±2）r/min；

6）pH 计：在 25℃时，精度为±0.05；

7）滤膜：0.45μm 微孔滤膜或中速定量滤纸；

8）过滤装置：加压过滤装置、真空过滤装置或离心分离装置；

9）电感耦合等离子体发射光谱仪（ICP）；

10）105℃恒温干燥箱；

11）9.5mm 孔径涂 Teflon 的筛；

12）电子天平（精度为±0.01g）；

13）试剂瓶：100mL 聚乙烯瓶；

14）具盖坩埚；

15）塑料取样勺；

16）表面皿：直径可盖住烧杯或锥形瓶；

17）移液管：1mL 或 10mL 刻度移液管。

4. 实验步骤

（1）含水率测定

称取 20～30g 样品（3 份）置于具盖容器中，于 105℃下烘干，置于干燥器中冷却到室温后称重，恒重至两次称量值的误差小于±1%时，计算样品含水率，具体步骤见第 7 章 7.2.2。

样品中含有初始液相时，应将样品进行压力过滤，再测定滤渣的含水率，并根据样品总质量（初始液相与滤渣质量之和）计算样品中的干固体百分率。进行含水率测定后的样品，不得用于浸出毒性实验。

（2）样品破碎

样品颗粒应可以通过 9.5mm 孔径的筛，对于粒径大的颗粒可通过破碎、切割或碾磨降低粒径。

（3）浸出步骤

如果样品中干固体百分率小于或等于 5%，样品经真空过滤后，所得到的初始液相即为浸出液，直接进行分析；如果样品中干固体百分率大于 5%，则继续进行以下浸出步骤，并将所得到的浸出液与初始液相混合后进行分析。

硫酸硝酸混合浸提剂 1 号：称取 150～200g 样品，置于 2L 提取瓶中，根据样品的含水率，按液固比为 10∶1（L/kg）计算出所需浸提剂的体积，加入浸提剂 1 号，盖紧瓶盖后固定在翻转式振荡装置上，调节转速为（30±2）r/min，于（23±2）℃下振荡（18±2）h。在振荡过程中有气体产生时，应定时在通风橱中打开提取瓶，释放过度压力。在压力过滤器上装好滤膜，用 1mol/L 稀硝酸淋洗过滤器和滤膜，弃掉淋洗液，过滤并收集浸出液，测试浸出液 pH 值，取 100mL 装于聚乙烯瓶中，用 1mL 浓硝酸酸化至 pH<2，于 4℃下保存待测。

醋酸缓冲溶液浸提剂：取 5.0g 样品至 500mL 烧杯或锥形瓶中，加入 96.5mL 试剂水，盖上表面皿，用磁力搅拌器猛烈搅拌 5min，测定 pH 值，如果 pH<5.0，用浸提剂 1 号；如果 pH>5.0，加 3.5mL 1mol/L 盐酸溶液，盖上表面皿，加热至 50℃，并在此温度下保持 10min，将溶液冷却至室温，测定 pH 值，如果 pH<5.0，用浸提剂 1 号；如果 pH>5.0，用浸提剂 2 号。对于挥发性物质的浸出只用浸提剂 1 号。称取 75～100g 样品，置于 2L 提取瓶中，根据样品的含水率，按液固比为 20∶1（L/kg）计算出所需浸提剂的体积，加入浸提剂，盖紧瓶盖后固定在翻转式振荡装置上，调节转速为（30±2）r/min，于（23±2）℃下振荡（18±2）h。在振荡过程中有气体产生时，应在通风橱中打开提取瓶，释放过度压力。在压力过滤器上装好滤膜，用 1mol/L 稀硝酸淋洗过滤器和滤膜，弃掉淋洗液，过滤并收集浸出液，用 1mL 浓硝酸酸化至 pH<2，于 4℃下保存待测。

每次浸出测试要有 2 个浸出平行样和 1 个浸出空白样。

（4）重金属含量的测定

样品消解：将 100mL 滤出液加入 250mL 锥形瓶中，再加入 5mL 浓硝酸，在消解仪或电热板上消解，用 5％硝酸溶液定容至 100mL。

标准溶液的配制：吸取 ICP 混合标准贮备液 0.0mL（空白溶液）、0.2mL、0.5mL、1mL、2mL、5mL 于 100mL 容量瓶中，用 5％硝酸溶液定容，摇匀。

样品测定：按照仪器使用说明书中的有关规定，测试标液并绘制完成标准曲线后，再测试样品和空白溶液中的重金属浓度。

5. 实验数据记录与分析

（1）记录浸出液 pH 值。

（2）记录重金属浸出浓度。

如果样品在测定前进行了富集或稀释，则应将测定结果除以或乘以 1 个相应的倍数。

浸出液中重金属浓度测定结果记录表见表 6-1。

浸出液中重金属浓度测定结果记录表 表 6-1

重金属名称	空白浓度（mg/L）	样本浓度（mg/L）
铬		
镉		
铜		
镍		
铅		
锌		

6. 实验注意事项

实验中所用容器均需清洗干净后，用 10％热硝酸荡涤，再用自来水冲洗，最后用去离子水冲洗。

7. 思考题

（1）测试危险废物的重金属浸出毒性有何意义？

（2）影响危险废物浸出率的因素有哪些？

第7章 固体废物的焚烧实验

> **小资料**
>
> "焚烧"（incineration 或 combustion）一词是从传统的燃烧概念发展而来的。是一种高温热处理技术。通常，"燃烧"在工程技术上泛指化石燃料（如煤、石油制品、天然气等）的着火燃烧而产生热能的过程；而"焚烧"则常指废物的烧毁。从科学意义上讲，"焚烧"和"燃烧"具有相同的含意，即物质被迅速氧化的着火燃烧与发光发热的反应过程。焚烧已有上百年的工业发展历史，现代化的焚烧发电厂在工艺和烟气污染控制方面已有较大的改善。焚烧技术作为固体废物无害化、减量化和资源化的重要手段，在许多国家都得到广泛地应用。

通过本章的学习您将进一步了解固体废物焚烧资源化的主要方式；通过实训活动您将初步了解焚烧炉灰处理方案设计的内容和要求，掌握固体废物含水率、化学性质以及可燃固体废物热值的测定原理、仪器使用、操作流程及相关计算。

学习目标

本章学习完后，您将能够：

（1）会初步拟定焚烧炉灰处理方案设计；

（2）会测定固体废物含水率、化学性质以及可燃固体废物热值。

学习内容

7.1 焚烧资源化利用

7.2 实训活动

学习时间

4 学时。

学习方式

本章实训活动共设计了 4 个实验，根据学校实验条件和学时要求选择其中的实验进行。

需要的材料

《固体废物处理与处置概论》、《城市垃圾处理》、《生活垃圾焚烧炉渣集料》GB/T 25032—2010、《生活垃圾焚烧处理工程技术规范》CJJ 90—2009、《生活垃圾焚烧厂运行维护与安全技术规程》CJJ 128—2009、《生活垃圾焚烧厂评价标准》CJJ/T 137—2010 等。

7.1 焚烧资源化利用

生活垃圾被焚烧，会衍生出气相（焚烧烟气）、固相（焚烧残渣，其中炉渣占垃圾质量的 15%～30%，飞灰占垃圾质量的 2%～6%）和液相（渗滤液、锅炉废水）污染物，垃圾在减容的同时释放出大量的焚烧余热，焚烧炉燃烧室产生的烟气温度可高达 850～1000℃，因此，将垃圾焚烧余热通过能量再转换等形式加以回收利用，不仅能满足垃圾焚烧厂自身设备运转的需要，降低运行成本，而且还能向外界提供热能和动力，以获得比较可观的经济效益。目前所有大中型垃圾焚烧厂几乎均设置了汽电共生系统。

1. 垃圾焚烧厂回收热能进行余热利用的方式

（1）直接热能利用

将垃圾焚烧产生的烟气余热转换为蒸汽、热水和热空气是直接热能利用。通过布置在垃圾焚烧炉之后的余热锅炉或其他热交换器，将烟气热量转换成一定压力和温度的热水、蒸汽以及一定温度的助燃热空气，向外界直接提供，这种形式热利用率高，设备投资小，尤其适合于小规模（处理量不大于 100t/d）垃圾焚烧设备和垃圾热值较低的小型垃圾焚烧厂。一方面，温度足够高的助燃热空气能够有效地改善垃圾在焚烧炉中的着火条件；另一方面，热空气带入焚烧炉内的热量还提高了垃圾焚烧炉的有效利用热量，从而也相应提高了燃烧绝热温度。热水和蒸汽除提供给垃圾焚烧厂本身生活和生产需要外，还可以向附近的小型企业或农业用户提供蒸汽和热水，供蔬菜、瓜果和鲜花暖棚用。

但是，这种余热利用形式受垃圾焚烧厂自身需要热量和垃圾焚烧厂与用户之间距离的影响，如果没有在建厂前就做好综合利用的规划，很难实现良好的供需关系，往往白白浪费了热量。

（2）余热发电和热电联供

随着垃圾量和垃圾热值的提高，直接热能利用受到设备本身和热用户需求量的限制。为了充分利用余热，将其转化为电能，是最有效的途径之一。将热能转化为高品位的电能，不仅能远距离传输，而且提供量基本不受用户需求量的限制，垃圾焚烧厂建设也可以相对集中，向大规模、大型化方面发展。这对提高整个设备的利用率和降低相对吨位垃圾的投资额来说都是有好处的。

1）余热发电

典型的垃圾焚烧余热利用，是将垃圾焚烧炉和余热锅炉组合为一体，把这种组合体称之为余热锅炉。余热锅炉的第一烟道就是垃圾焚烧炉炉膛。在余热锅炉中，主要燃料是生活垃圾，转换能量的中间介质为水。垃圾焚烧产生的热量被介质吸收，未饱和水吸收烟气热量成为具一定压力和温度的过热蒸汽，过热蒸汽驱动汽轮发电机组，热能被转化为电能。与此同时，仍能够实现设备本身用热以及加热助燃空气用热。

2）热电联供

在热能转化为电能的过程中，热能损失取决于垃圾热值、余热锅炉热效率以及汽轮发电机组的热效率。垃圾焚烧厂热效率仅为 13％～23％，甚至更低。若有条件采用热电联供，将发电、区域性供热、工业供热和农业供热等结合起来，则垃圾焚烧厂的热利用率会大大提高，该利用率与供电和供热比例有关，一般在 50％左右，甚至可达 70％以上。

2. 炉渣

炉渣是从炉排排出和炉排间掉落的物质，主要由熔渣、黑色及有色金属、砖石陶瓷碎片、玻璃碎片和其他一些不可燃物质以及未燃尽的有机物组成。炉渣的物理化学性质与天然集料相似，炉渣的资源化利用是可行的。炉渣利用前需进行预处理，具体处理环节有破碎和筛分（为金属分选和集料利用提供合适的粒径）、风力分选（去除未燃尽的有机物）、磁选（回收黑色金属，主要是铁）、涡电流分选（回收铝、铜等有色金属）、老化/风化1～3个月（降低溶解盐浸出浓度，改善其物理化学性质）等。目前，炉渣资源化利用主要有：沥青路面的替代集料、水泥/混凝土的替代集料、填埋场的覆盖材料、路基及路堤等的填充材料等。

7.2 实 训 活 动

7.2.1 焚烧炉底灰处理方案设计

设计前请先阅读方框中文字：

底灰的基本性质评价：

1. 底灰的元素分析

化学分析表明，底灰的主要成分为 SiO_2、Al_2O_3、Fe_2O_3 和未燃尽的炭，与飞灰差别不大；有害元素 Pb、Hg、Cd、Cr 等均未超过作为建材用的国家标准的规定。无害化焚烧处理的生活垃圾底灰溶浸实验研究表明，主要有害元素的溶出度小于国家标准的规定，因此，生活垃圾焚烧底灰完全可以无害化利用。

2. 底灰的物理性质

焚烧底灰是一种非均质混合物，新鲜的焚烧底灰中包括：灰质量分数为42%，熔融产物质量分数为40%，金属化合物（多为铝、铁、铜的化合物）质量分数为8%，其他物质质量分数为10%。底灰中主要物相为玻璃相，占40%左右，主要晶相为硅酸盐（如钙黄长石、斜辉石、透辉石和石英）、氧化物（磁铁矿、尖晶石和赤铁矿）、碳酸盐（碳酸钙、金属碳酸盐）和盐类（氯化物和硫酸盐）。焚烧底灰的 pH 值在 11.2～12.5 之间，属高碱性物质，主要是由于底灰中含有大量碱性金属氧化物、氢氧化物、氯化物及硫化物。底灰的含水率较高，呈灰黑色且有轻微异味，干燥后则呈灰白色。干燥后的底灰进行筛分分析后发现，颗粒尺寸在 1.0～19.0mm 范围的最多，占79.6%，其次为0.25～1.0mm 的颗粒占14.2%，大于 19.0mm 和小于 0.25mm 的颗粒各占 3.1%，因此，焚烧底灰是一种颗粒较粗的砂状粉末。

3. 底灰的化学性质

焚烧底灰大部分由碱金属及碱土金属构成，微量部分的金属多是焚烧过程中富集在底灰上的，含有部分重金属和溶解性盐类，会对环境造成危害。焚烧底灰的化学组成通过 X 射线荧光光谱分析表明，焚烧底灰的主要组成为 $SiO_2 = 34.32\% \sim 49.53\%$，$CaO = 15.66\% \sim 35.23\%$，$Al_2O_3 = 8.59\% \sim 13.54\%$，$Fe_2O_3 = 5.28\% \sim 10.23\%$；其次还有 Na_2O、K_2O、MgO 等。焚烧底灰中重金属质量浓度最高的为 Zn，其次是 Mn、Cu、Pb、Cr，质量浓度最低的为 Ni。重金属在底灰中的分布与其自身的特性有关，不同重金属其分布特性亦不同。

4. 底灰的处理与分选

各地垃圾焚烧底灰的性质差别较大，考虑到规模应用的需要，必须制定相关的产品质量标准，这就需要采用分选技术以保证产品质量。

破碎、筛分是将原料分成不同的粒级以满足后续产品加工的要求，常用设备有颚式

破碎机和筛分机。各种分选技术也是常用的处理方法：重力分选，按物料密度不同实行物理分选。如重力分选中的跳汰机可根据需要将底灰分成轻、重两种产品，是一种处理量很好的设备，能满足底灰加工的需要。磁选，对于强磁性物质含量较高的底灰，可磁选回收其中的磁铁矿。一般使用圆筒形的弱磁选机。浮选，在某些特定地区，将底灰全部磨细至 325 目（0.045mm），再通过浮选分出其中的炭，其烧失量可达到 80%，尾灰则可作为填料、混凝土的掺和料等使用。经过各种技术处理后的底灰才能进入利用阶段。

1. 实验内容与要求

本实验为综合设计性实验，学生要在掌握焚烧炉底灰性质的基础上，根据课堂所学的固体废物处理处置工艺原理，初步拟定焚烧炉底灰处理方案，利用学校实验室的仪器设备，独立开展实验，按照国家规定和国际上通用的测试方法，来分析评价处理效果。

2. 实验成果

（1）提交实验方案。

要求以小论文的形式提交，包括以下几部分：

1）摘要；

2）关键词；

3）前言；

4）实验原材料与仪器设备；

5）实验方法；

6）实验结果；

7）讨论；

8）结论；

9）参考文献（不少于 4 篇）。

（2）提交设计计算书，包括工艺流程简图、参数计算。

7.2.2 固体废物含水率测定实验（烘干法）

1. 实验目的

（1）了解固体废物含水率测定的方法及适用范围；

（2）掌握实验室测量固体废物含水率的方法——烘干法。

2. 实验器材

烘箱；干燥器；天平；烧杯；固体废物样本。

3. 实验步骤

（1）称量样本的初始质量。

先称量烧杯的质量 M，取适量的固体废物样本（20～30g）置于烧杯中，称量烧杯加样本的质量 M_1。

（2）烘干。

将盛有样本的烧杯放入烘箱中，在 105℃下烘至恒重，取出置于干燥器中冷却。

（3）称量干燥后样本的质量。

将冷却后的样本从干燥器中取出，称量烧杯加样本的质量 M_2，直到前后两次称量误差≤0.01g，即为恒重，否则重复烘干、冷却和称量过程，直至恒重为止。

（4）按公式（7-1）计算出含水率。

$$C_{水} = \frac{M_1 - M_2}{M_1 - M} \times 100\% \qquad (7\text{-}1)$$

式中　$C_{水}$——固体废物含水率，%；

　　　M_1——烘干前固体废物和烧杯的总质量，g；

　　　M_2——烘干后固体废物和烧杯的总质量，g；

　　　M——烧杯的质量，g。

平行测定：每一样本必须做两次平行测定，取其结果的算术平均值。

4. 实验注意事项

（1）样本从烘箱取出后必须立刻放入干燥器中，冷却后再称量，否则会吸收空气中的水分影响称量的准确度；

（2）样本必须烘至恒重，否则会影响本实验的测量精度。

7.2.3　固体废物化学性质测定实验

1. 实验目的

固体废物基本性质参数包括物理性质参数（含水率、密度）、化学性质参数（挥发分、灰分、可燃分、发热值、元素组成等）和生物性质参数。这些参数是评定固体废物性质、选择处理处置方法、设计处理处置设备等的重要依据，也是科研、实际生产中经常需要测量的参数，因此，需要掌握它们的测定方法。本实验主要测定灰分、挥发分、可燃分三个基本参数。

2. 实验原理

（1）灰分和挥发分

灰分是指固体废物中既不能燃烧，也不会挥发的物质，用 A（%）表示。它是反映固体废物中无机物含量的一个指标参数。挥发分又称挥发性固体含量，是指固体废物在600℃下的灼烧减量，常用 VS（%）表示。它是反映固体废物中有机物含量的一个指标参数。灰分和挥发分一般同时测定。

（2）可燃分

把固体废物试样在815℃下灼烧，在此温度下，除了试样中的有机物质均被氧化外，金属也成为氧化物，灼烧损失的质量就是试样中的可燃物含量，即可燃分，常用 CS（%）表示。可燃分反映了固体废物中可燃烧成分的量，它既是反映固体废物中有机物含量的指标参数，也是反映固体废物可燃烧性能的指标参数，是选择焚烧设备的重要依据。

3. 实验材料与仪器

（1）实验材料

实验所用固体废物可根据实际情况选用人工配制的固体废物，也可以是实际产生的固体废物。

（2）实验仪器

马弗炉；电子天平；烘箱；坩埚；带刻度的 1L 量杯。

4. 实验步骤

（1）灰分和挥发分测定步骤

1）准备 2 个坩埚，分别称量其质量，并记录。

2）各取 20g 烘干好的试样（绝对干燥），分别放入准备好的 2 个坩埚中（重复样）。

3）将盛有试样的坩埚放入马弗炉中，在 600℃ 下灼烧 2h，然后取出冷却。

4）分别称量并按公式（7-2）计算灰分含量，最后结果取平均值。

$$A = \frac{R-C}{S-C} \times 100\% \tag{7-2}$$

式中　A——试样灰分含量，%；

　　　R——灼烧后坩埚和试样的总质量，g；

　　　S——灼烧前坩埚和试样的总质量，g；

　　　C——坩埚的质量，g。

5）挥发分含量按公式（7-3）计算。

$$VS = (1-A) \times 100\% \tag{7-3}$$

（2）可燃分测定步骤

其测定步骤基本与挥发分的测定步骤相同，所不同的是灼烧温度。

1）准备 2 个坩埚，分别称量其质量，并记录。

2）各取 20g 烘干好的试样（绝对干燥），分别放入准备好的 2 个坩埚中（重复样）。

3）将盛有试样的坩埚放入马弗炉中，在 815℃ 下灼烧 1h，然后取出冷却。

4）分别称量并按公式（7-4）计算灰分含量，最后结果取平均值。

$$A' = \frac{R-C}{S-C} \times 100\% \tag{7-4}$$

式中　A'——试样灰分含量，%；

　　　R——灼烧后坩埚和试样的总质量，g；

　　　S——灼烧前坩埚和试样的总质量，g；

　　　C——坩埚的质量，g。

5）可燃分按公式（7-5）计算。

$$CS = (1-A') \times 100\% \tag{7-5}$$

（3）填写记录表

根据上述实验，完成表 7-1。

固体废物化学性质参数测试结果　　　　　　　　　　　　表 7-1

序号	测定参数	第一次	第二次	平均值
1	灰分（%）			
2	挥发分（%）			
3	可燃分（%）			

5. 思考题

（1）固体废物灰分、挥发分和可燃分之间的关系。

（2）固体废物灰分、挥发分和可燃分测定的意义。

7.2.4 可燃固体废物热值测定实验

1. 实验目的与意义

（1）理解粗热值（高位发热量）和净热值（低位发热量）的含义；

（2）了解氧弹热量计量热的原理；

（3）掌握热量计的基本结构和测定过程；

（4）掌握实验数据的处理。

2. 实验基本原理

废物的热值可采用热量计直接测量，也可根据废物的组分或元素组成计算，具体方法如下：

（1）仪器测量法。利用热值测定仪进行测量。当废物在有氧条件下加热至氧弹周围的水温不再上升时，此时固定体积的水所增加的热量即为定量废物燃烧所放出的热量。要想按照这一原理准确地测得试样的发热量，必须解决两个问题：一个是要预先知道仪器的热容量，即该仪器的量热系统温度每升高1℃需要吸收的热量，这可通过用已知热值的基准物如苯甲酸（1g左右，切勿超过1.1g）标定仪器来解决；另一个是量热系统与外界的热交换问题，这可通过在量热系统周围加一双壁水套，通过控制水套的温度消除或校正量热系统与外界的热交换来解决。解决了这两个问题，就可较准确地测定试样的发热量了。

（2）理论估算法。固体废物的热值在化学上称为"燃烧热（heat of combustion）"，因此，可以利用元素组成（如碳、氢、氧等）从理论上估算废物的高位发热量或低位发热量。

（3）元素组成计算法。利用元素组成计算废物热值的方法有很多，最普遍与简单的是Dulong公式，但由于这种方法估算废物热值的误差过大，故工业界常改以Wilson公式进行估算。

3. 实验仪器设备及样品

（1）热量计

通用热量计有两种，恒温式和绝热式。它们的量热系统被包围在充满水的双层夹套（外筒）中，样品释放的热量全部由夹套中的水吸收使水温上升，冷水升温所增加的热焓即为混合样品的热值，它们的差别只在于外筒及附属的自动控温装置。

绝热式热量计中外筒对量热系统进行温度跟踪，使量热系统在实验过程中与环境没有热的交换，在此情况下，量热系统在实验中产生的温差与试样发出的热量存在简单的关系。这种仪器计算简单，但温度跟踪部分比较复杂。

恒温式热量计在实验过程中环境（指量热系统以外的部分）温度保持不变，量热系统温度发生变化，系统与外界有热交换，需进行修正，计算较复杂。但随着计算机的不断发展，复杂的计算部分已由计算机取而代之。如半自动氧弹处理机构、自动充气、自动放气、自动清洗氧弹等，使得氧弹热量计比传统的氧弹热量计减少了许多手动操作步骤。用户测量一个试样只需完成如下操作：将试样装入坩埚，在弹头上装上点火棉线，密封氧弹，盖上盖子，按下开始键即可，其他操作全部由热量计自动完成。

（2）压饼机

当进行粉状或轻质物料的热值测定时，需要预先将粉状物料压制成饼状体，实验采用仪器配套的杠杆式压饼机，能压制直径为10mm的圆饼。

（3）分析天平

感量0.1mg。

（4）样品

若为固体状固体废物则粉碎成粒径为 2mm 的碎粒，然后称取 1.0g 左右的固体废物进行实验；若为流动性的污泥或不能压成片状的固体废物，称取 1.0g 左右的样品置于器皿中，铁丝中间部分浸入在样品中。

4. 氧弹热量计的一般实验步骤

（1）精确称取测试试样（小于 0.2mm）0.9~1.1g 并置于燃烧皿中。

（2）将一定长度点火丝的两端分别接在两个电极柱上，注意与试样保持良好接触，并注意勿使点火丝接触燃烧皿，以免形成短路而导致点火失败。如图 7-1 所示。

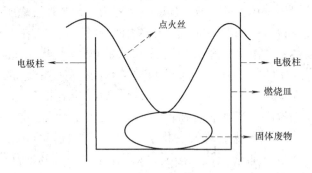

图 7-1　点火丝示意图

（3）往氧弹（见图 7-2）中加入一定量的蒸馏水（10mL）。小心拧紧氧弹盖，注意避免燃烧皿和点火丝的位置因受振动而改变。

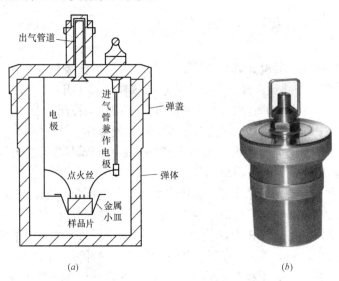

图 7-2　氧弹
（a）氧弹示意图；（b）氧弹实物图

（4）往氧弹中缓缓充入氧气，直到压力达到 2.8~3.0MPa，充氧时间不得少于 15s，一般为 25s；如果不小心充氧超过 3.3MPa，停止实验，放掉氧气后，重新充氧至 3.2MPa 以下。当钢瓶中氧气压力降到 5.0MPa 以下时，充氧时间应酌量延长，压力降到 4.0MPa 以下时，应更换新的钢瓶氧气。

（5）往热量计内筒中加入足够的蒸馏水至溢流口有水溢出。每次实验时用水量应与标定热容量时用水量一致（相差 1g 以内）。

（6）按顺序打开打印机、显示器、计算机电源和热量计主机（关机按相反顺序进行）。打开电源后程序将自动进入热量计测试程序。

（7）将氧弹装入热量计主机（见图 7-3），盖上热量计主机盖，然后在程序"设置"栏内检查各部件是否正常。在"设置参数"栏"测试内容"中可选择测试发热量或标定热容量。热量计会提示操作者输入样品编号、氧弹号、样品质量、助燃剂质量等参数。

（8）用鼠标点击"开始实验"，则实验将自动进行，并显示测试结果，也可打印。

（9）实验结束后，打开主机盖，取出氧弹，并可进行下一实验。

5. 实验数据处理

氧弹热量计的化验指标一般有三个，分别是：

（1）氧弹热量计弹筒发热量，它是单位质量燃料（气态除外）在充有氧气的氧弹内完全燃烧（其终态燃烧产物温度为 25℃）时所释放的热量。

（2）氧弹热量计高位发热量，即弹筒发热量减去助燃剂的热量。

（3）氧弹热量计低位发热量，高位发热量减去水（试样中氢燃烧生成的水和试样中的水）的汽化热后所得的热量。

图 7-3　氧弹热量计实物图

6. 实验注意事项

（1）电源：要求 220V 并稳定，尽可能使用稳压电源。

（2）水：要求加入回水箱的水是蒸馏水或去离子水，不得用自来水；水经使用后若发现里面有脏物时，应立即更换。

（3）气：氧气要求用冷却氧，不得用电解氧，钢瓶压力要求在 5MPa 以上，减压阀输出压力为 2.8～3MPa，充氧时间不少于 15s。

（4）温度：室温 15～35℃为宜，应尽量保持恒定；室温与回水箱水温相差 1.5℃以内；一次实验过程室温变化小于 1℃；有空调或用电炉、暖气取暖的实验室不得时开时关。

第8章 固体废物的热解实验

小资料：

热解是一种较为古老的工业化生产技术，热解技术最早应用于木材和煤的干馏，将木材和煤干馏后生成木炭和焦炭，用于人们的生活取暖和工业上冶炼钢铁。在20世纪20年代，煤的热解机理已经比较成熟，工业实施已获得成功，随着现代化工业的发展，热解技术的应用范围逐渐得到扩大，例如重油裂解生成轻质燃料油、煤炭气化生成燃料气等。20世纪70年代初期，世界性的石油危机对工业化国家经济的冲击，使人们逐渐意识到开发再生资源的重要性，热解技术开始用于橡胶、塑料、复合塑料、污泥、纺织废物和生物质等固体废物的处理中。

本章对城市垃圾、生物质、废塑料、废橡胶以及污泥的热解资源化利用作了简单的介绍，并对城市污水处理厂生物污泥的热解实验原理、实验器材、实验步骤及资源化利用作了说明。热解技术在固体废物资源化方面具有重要的作用，环境专业的学生了解热解在固体废物资源化中的作用，掌握热解技术，有利于在能源技术方面的创新。

学习目标
通过本章的学习，您将能够：
（1）掌握热解原理，熟悉热解工艺的类型；
（2）了解典型固体废物的热解原理、工艺及影响因素；
（3）掌握焚烧与热解技术的异同点。

学习内容
8.1 城市固体废物热解原理及资源化利用
8.2 实训活动：城市污水处理厂生物污泥热解实验

学习时间
2学时。

学习方式
本章实训活动共1个实验，根据学校实验条件和学时要求组织进行实验，条件不具备的也可以组织学生进行实习活动。

需要的材料
通过图书馆数据库获取相关信息，如清华同方（CNKI）数据库、超星电子图书、万方数据库、维普期刊，英文数据库如WILEY等，或通过阅读电子期刊、阅读相关资料、实训调研等途径获取相关信息，撰写自学成果报告，为课中的交流做好准备。

8.1 城市固体废物热解原理及资源化利用

8.1.1 城市垃圾的热解
垃圾热解技术在实现垃圾无害化、减量化和资源化处理的同时，能有效克服垃圾焚烧产生的二噁英污染问题，因而成为新兴的、具有较大发展前景的垃圾处理技术。热解技术在处理城市垃圾方面的应用和发展历史较短，但与直接焚烧法相比，具有以下两个优点：(1) 在热解过程中废物的有机物成分能转化成可利用能量，其经济性更好；热解产生的燃气视其热值的高低可直接燃烧或与其他高热值燃料混合燃烧，反应过程中产生的焦油视其性质可制成燃料或提取化工原料。(2) 热解系统的二次污染小，可简化污染控制问题，对环境更加安全；热解法产生的烟气量比直接焚烧法少，特别是烟气中重金属、二噁英等污染物的含量较少，有利于烟气的净化，降低了二次污染物的排放水平，因而是一种安全的垃圾处理方法。

热解产物主要有可燃性气体、有机液体和固体残渣。

1. 可燃性气体

可燃性气体按产物中所含成分数量的多少排序为：H_2、CO、CH_4、C_2H_4 和其他少量高分子碳氢化合物气体。这种气体混合物是很好的燃料，其热值可达 $6390 \sim 10230 kJ/kg$。

2. 有机液体

有机液体是一种复杂的化学混合物，常称为焦木酸，此外还有焦油和其他高分子烃类油，可作为燃料。

3. 固体残渣

固体残渣主要是炭黑，再制成煤球使用是很好的燃料。

8.1.2 生物质的热解

生物质是一种环保型的可再生能源，它是地球上的绿色植物通过光合作用获得的各种有机物质，主要包括林业生物质、农业废物、水生植物、能源作物、城市垃圾、有机废水和人、畜粪便等。生物质能源是可再生能源的重要组成部分，其作为一种环境友好型能源，已引起了越来越多人的关注。生物质能源的利用将是 21 世纪能源的发展方向，人类对生物质能转化和利用的研究是摆在我们面前的重大课题。

8.1.3 废塑料和废橡胶的热解

1. 废塑料的热解

(1) 废塑料的种类：聚乙烯（Polyethylene，PE）、聚丙烯（Polypropylene，PP）、聚苯乙烯（Polystyrene，PS）、聚氯乙烯（Polyvinyl chloride，PVC）、酚醛树脂、脲醛树脂、聚对苯二甲酸类（Polyethylene terephthalate，PET）树脂、丙烯腈-丁二烯-苯乙烯共聚物（Acrylonitrile Butadiene Styrenecopolymers，ABS）树脂等。

(2) 废塑料热解的产物：燃料气、燃料油和固体残渣。

(3) 热解温度及难易程度：PE、PP、PS、PVC 等热塑性塑料当加热到 $300 \sim 500℃$ 时，大部分分解成低分子碳氢化合物。酚醛树脂、脲醛树脂等热固（硬）性塑料则不适合作为热解原料；PET、ABS 树脂含有 N、Cl 等元素，热解时会产生有害气体或腐蚀性气体，也不适宜作热解原料；PE、PP、PS 只含有 C 和 H，热解不会产生有害气体，它们是热解油的主要原料。如 PE 热解所得原料油的热值和 C、H、N 含量与成品油基本相同。

2. 废橡胶的热解

轮胎热解所得产品的组成中气体占 22%（质量）、液体占 27%、炭灰占 39%、钢丝占 12%。气体组成主要为甲烷（15.13%）、乙烷（2.95%）、乙烯（3.99%）、丙烯（2.5%）、CO（3.8%），H_2O、CO_2、H_2 和丁二烯也占一定的比例。液体组成主要为苯

（4.75％）、甲苯（3.62％）和其他芳香族化合物（8.50％）。

废轮胎经剪切破碎机破碎至小于5mm，轮缘及钢丝帘子布等绝大部分被分离出来，用磁选去除金属丝。轮胎粒子经螺旋加料器等进入直径为5cm、流化区为8cm、底铺石英砂的电加热反应器中。流化床的气流速率为50L/h，流化气体由氮及循环热解气组成。热解气流经除尘器与固体分离，再经静电沉积器除去炭灰，在深度冷却器和气液分离器中将热解所得油品冷凝下来，未冷凝的气体作为燃料气为热解提供热能或作流化气体使用。

8.1.4　污泥的热解

污泥与干燥过的一部分污泥在搅拌器中混合进入干燥器干燥，然后送入热解炉。从干燥器出来的气体在冷水塔中经冷却凝缩去水后可作为燃烧气在燃烧室中使用。热解产生的气体经冷却后可回收油或热量。气体导入燃烧室在800℃以上条件下燃烧。燃烧室产生的高温气体在废热锅炉中产生蒸汽用于干燥，若能量不足时可在燃烧室加补助燃料。

固体废物与污泥联合热解具有以下特点：固体废物中有用的无机物可以直接回收，有机物的热量亦被回收利用。尾气经过多级净化处理，废水经过一般处理均能达到允许排放的标准。残渣中的微量元素可进行填埋处理，其占地面积只有传统填埋面积的20％～30％，还可省去传统填埋前的预处理。固体废物与污泥联合热解处理的方法改变了污泥热解处理的地位，大大提高了污泥作为能源的竞争能力。

8.2　实训活动：城市污水处理厂生物污泥热解实验

1.实验目的

（1）了解热解的概念；

（2）熟悉污泥热解过程的控制参数。

2.实验原理

热解是将有机物在无氧或缺氧状态下加热，使之成为气态、液态或固态可燃物质的化学分解过程。污泥的热解是一个非常复杂的化学反应过程，包含了大分子键的断裂、异构化和小分子的聚合等反应，最后生成较小的分子。热解反应过程可用下述通式表示：

有机固体废物＋热量→H_2、CH_4、CO、CO_2气体＋（有机酸、芳烃、焦油）有机液体＋炭黑＋炉渣。

3.实验器材

（1）卧式或立式热解炉；

（2）实验材料选取城市污水处理厂的生物污泥；

（3）烘箱1台；

（4）漏斗、漏斗架；

（5）量筒1000mL 1支；

（6）定时钟1只；

（7）破碎机1台；

（8）电子天平1台。

4.实验步骤

（1）记录实验设备基本参数，包括热解炉功率，旋风分离器的型号、风量、总高、公称直径，气体流量计的量程、最小刻度。

（2）记录反应床初始温度、升温时间。

（3）记录实验数据。

5. 思考题

（1）固体废物热解的特点有哪些？

（2）固体废物热解的工艺有哪些类型？

（3）热解和焚烧的区别有哪些？

第9章　堆肥/生物化及其他固体废物处理技术实训

> **堆肥化**
>
> 　　堆肥化是指通过人为调节和控制，利用自然界中广泛存在的细菌、放线菌、真菌等微生物，促进可生物降解有机物向稳定的腐殖质转化的生物化学过程。堆肥化（composting）的产物称为堆肥（compost），它是一类棕色的腐殖质含量高的疏松物质，故也称为腐殖土。
>
> 　　废物通过堆肥化处理，可以转变成有机肥料或土壤调节剂等，实现废物的资源化转化，且这些堆肥的最终产物已经稳定化，对环境不会造成危害。因此，堆肥化是实现有机废物稳定化、无害化和资源化处理的有效方法之一。
>
> 　　堆肥化按需氧量分为好氧堆肥和厌氧堆肥。传统的堆肥化技术多采用厌氧堆肥，工艺较简单、温度低、产品中氮保存量较多，但占地大、异味大、堆制周期长、分解不充分；现代化的堆肥生产基本都采用好氧堆肥技术。好氧堆肥具有堆肥周期短、基质分解比较彻底、无害化程度高、异味小、易于机械化操作等优点，因此，工业化堆肥一般都采用好氧堆肥的方法。

　　本章在对好氧堆肥和厌氧堆肥的技术要求作简单介绍的基础上，设计了"有机垃圾生物处理过程模拟"、"厌氧消化过程模拟"两个实验以及"堆肥过程课程设计"、"厌氧消化过程课程设计"两个课程设计。对实验的目的、意义、原理、装置、步骤以及课程设计的计算等作了详细的说明。通过本章的学习您将初步掌握堆肥/生物化及其他固体废物处理技术，实践能力将进一步得到提高。

学习目标

通过本章的学习，您将能够：

（1）了解生物处理技术，掌握固体废物堆肥化和厌氧消化技术的原理、影响因素及处理效果的评价方法；

（2）掌握典型的堆肥化和厌氧消化的设计方法及其工艺流程和设备。

学习内容

9.1　好氧堆肥和厌氧消化

9.2　实训活动一：实验

9.3　实训活动二：课程设计

学习时间

4学时。

学习方式

本章实训活动共有4个，其中实验2个、课程设计2个，可根据学校实验条件和学时要求选择其中的实训内容进行实验和课程设计，学习时间也可以灵活安排。

需要的材料

通过图书馆数据库获取相关信息，如清华同方（CNKI）数据库、超星电子图书、万方数据库、维普期刊，英文数据库如 WILEY 等，或通过阅读电子期刊、阅读相关资料、实训调研等途径获取相关信息，撰写自学成果报告，为课中的交流做好准备。

9.1 好氧堆肥和厌氧消化

生活垃圾的主要生物处理技术是好氧堆肥和厌氧消化，目前通过与其他技术的结合又衍生出了机械生物处理技术、生物干化技术和生物稳定化技术。好氧堆肥产物可作为有机肥（土壤改良剂）农用、园林绿化用、林用、土地改良用，近年来还发展了作为废物衍生燃料 RDF 材料、填埋场日覆盖土、填埋场甲烷氧化生物活性覆土、受污染的土壤修复用的生物活性土、生物滤床填料、VOCs/恶臭防控材料、水土侵蚀控制材料、草坪修复材料、人工造林材料、湿地恢复材料等。

堆肥产品如果作为商品有机肥料进行生产和销售，必须符合农业行业标准《有机肥料》NY 525—2012 的技术指标要求（见表 9-1），同时有机肥料中的重金属含量、蛔虫卵死亡率和大肠杆菌值指标也应符合《生物有机肥》NY 884—2012 中的相关要求（见表 9-2）。

有机肥料的技术指标　　　　　　　　　　　　　　　　　　　　表 9-1

参 数 名 称	指　　　标
有机质（以烘干基计）	≥45％
总养分（$N+P_2O_5+K_2O$）的质量分数含量（以烘干基计）	≥5.0％
水分（鲜样）的质量分数	≤30％
pH 值	5.5～8.5
外观	褐色或灰褐色，粒状或粉状，均匀，无恶臭，无机械杂质

重金属含量、蛔虫卵死亡率和大肠杆菌值　　　　　　　　　　　表 9-2

项　　　目	指　　　标
蛔虫卵死亡率	≥95％
粪大肠杆菌	≤100 个/g（mL）
总镉（以 Cd 计）	≤3mg/kg（以烘干基计）
总汞（以 Hg 计）	≤2mg/kg（以烘干基计）
总铅（以 Pb 计）	≤50mg/kg（以烘干基计）
总铬（以 Cr 计）	≤150mg/kg（以烘干基计）
总砷（以 As 计）	≤15mg/kg（以烘干基计）

好的堆肥应表现为：颗粒直径小于 13mm，pH 值为 6.0～7.8，低可溶盐浓度（小于 2.5mS/cm），低呼吸比率（呼吸比率通过测定耗氧量求得），较高的硝态氮含量；没有杂草种子，污染物浓度低于国家标准。如果堆肥产品不符合上述要求，则对其的使用就会受到限制。例如，可溶盐浓度（Electrical Conductivity，EC）≥7.5mS/cm 时，需要用其他物料加以稀释后才能用在一些植物上；堆肥 pH 值在 7.8 以上的则只限在酸性土壤或需要

高 pH 值的作物上使用。

厌氧消化产生的沼气（甲烷和二氧化碳的混合气体）是一种再生能源，根据不同的利用要求，沼气在利用前需净化，去除硫化氢、水蒸气、二氧化碳、卤代烃和硅烷等物质。沼气利用方式可以是热电联供并入城市电网、燃料电池原料、机动车燃料、并入沼气管网或天然气管网。

沼渣和沼液含有丰富的氮、磷、钾等营养元素，在条件许可时，可优先考虑土地利用。在土地利用时，应注意控制钠离子等的含量，避免土壤盐碱化，还需要控制重金属和微量有毒有机化合物的含量。

有机物厌氧消化反应可用化学方程式（9-1）表示：

$$C_nH_aO_b+\left(n-\frac{a}{4}-\frac{b}{2}\right)H_2O \longrightarrow \left(\frac{n}{2}+\frac{a}{8}-\frac{b}{4}\right)CH_4+\left(\frac{n}{2}-\frac{a}{8}+\frac{b}{4}\right)CO_2 \tag{9-1}$$

因此，在标准状态下（0℃，1atm），有机物的理论甲烷产率 Y_{0,CH_4} 可以用公式（9-2）计算获得：

$$Y_{0,CH_4}=\frac{\left(\frac{n}{2}+\frac{a}{8}-\frac{b}{4}\right)\times 22.4}{12n+a+16b} \tag{9-2}$$

有机物的实际甲烷产率可以用公式（9-3）计算获得：

$$Y_{CH_4}=0.208-0.028 \cdot \gamma_{蛋白质}+0.712 \cdot \gamma_{脂肪}+0.034 \cdot \gamma_{半纤维素}$$
$$+0.138 \cdot \gamma_{纤维素}-0.767 \cdot \gamma_{木质素} \tag{9-3}$$

式中　Y_{CH_4}——标准状态下，有机物的甲烷产率潜力，L/gVS；

　　　γ——蛋白质、脂肪、半纤维素、纤维素、木质素等成分各自在垃圾有机物中所占的质量分数，g/gVS。

9.2　实训活动一：实验

9.2.1　有机垃圾生物处理过程模拟

1. 实验目的与意义

通过设计及动手操作历时 1～2 个月的好氧堆肥模拟实验，了解部分有机固体废物可以通过微生物的氧化、分解等生物化学过程转化为稳定的腐殖质、沼气和化学转化品，实现无害化和资源化。好氧堆肥和厌氧消化是有机固体废物生物处理的主要工艺技术。

本实验的目的是：

（1）观察有机固体废物在生物处理过程中的变化，加深对好氧堆肥和厌氧消化概念的理解；

（2）掌握好氧堆肥和厌氧消化工艺过程和控制方法；

（3）了解好氧堆肥和厌氧消化工艺影响因素。

2. 实验原理

在好氧条件下，有机废物中的可溶性有机物透过微生物的细胞壁和细胞膜被微生物所吸收；不溶性的固体和胶体有机物则先附着在微生物体外，然后在微生物所分泌的胞外酶的作用下分解为可溶性物质，再渗入细胞内部。微生物通过自身的生命活动——氧化还原和生物合成过程，把一部分被吸收的有机物氧化成简单的无机物，并释放出能量供微生物生长活动所需，把另一部分有机物转化合成新的细胞物质，使微生物生长繁殖，产生更多的生物体。通过该生物学过程，可以实现有机废物的分解和稳定化。好养堆肥原理如图9-1所示。

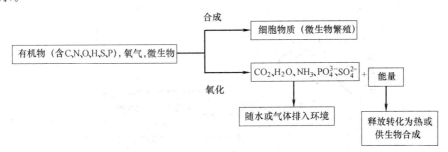

图9-1　好氧堆肥原理图

好氧堆肥的基本反应过程可以表示为：

$$有机物 + O_2 \xrightarrow{微生物新陈代谢} 新细胞物质 + 残留有机物 +$$
$$CO_2 + H_2O + NH_3 + SO_4^{2-} + \cdots + 能量 \tag{9-4}$$

该反应过程包括氧化和合成两个过程：

有机物的氧化：

（1）不含氮有机物（$C_aH_bO_c$）

$$C_aH_bO_c + \left(x + \frac{1}{4}y - 1/2z\right)O_2 \longrightarrow xCO_2 + 1/2yH_2O + 能量 \tag{9-5}$$

（2）含氮有机物（$C_aH_bN_cO_d \cdot eH_2O$）

$$C_aH_bN_cO_d \cdot eH_2O + fO_2 \longrightarrow C_wH_xN_yO_z \cdot gH_2O + hH_2O(气)$$
$$+ iH_2O(水) + jCO_2 + kNH_3 + 能量 \tag{9-6}$$

细胞质的合成（包括有机物的氧化，并以NH_3为氮源）：

$$nC_xH_yO_z + NH_3 + (nx + ny/4 - nz/2 - 5)O_2 \longrightarrow$$
$$C_5H_7NO_2(细胞质) + (nx - 5)CO_2 + 1/2(ny - 4)H_2O + 能量 \tag{9-7}$$

细胞质的氧化

$$C_5H_7NO_2(细胞质) + 5O_2 \longrightarrow 5CO_2 + 2H_2O + NH_3 + 能量 \tag{9-8}$$

由于堆肥温度较高，部分水以蒸汽形式排出，使废物经过堆制后的体积比原体积大幅度减少。一般成品$C_wH_xN_yO_z \cdot H_2O$与堆肥原料$C_aH_bN_cO_d \cdot eH_2O$之比为0.3～0.5，这也是氧化分解减量化的结果。

设有机物的化学组成式为$C_aH_bN_cO_d$，合成的新细胞物质和产生的硫酸根离子等忽略不计，$C_wH_xN_yO_z$为残留有机物的化学组成式，则有机废物好氧分解总化学反应方程式可表示为：

$$C_aH_bN_cO_d + 0.5(nz + 2s + r - d)O_2 \longrightarrow$$
$$nC_wH_xN_yO_z + sCO_2 + rH_2O + (c - ny)NH_3 \tag{9-9}$$

式中：$r = 0.5[b - nx - 3(c - ny)]$；$s = a - nw$。

如果有机物被完全好氧分解，没有任何残留物，则化学反应式为：

$$C_aH_bN_cO_d + (a + 0.25b - 0.75c - 0.5d)O_2 \longrightarrow$$

$$aCO_2 + (0.5b - 1.5c)H_2O + cNH_3 \tag{9-10}$$

一般情况下，根据温度的变化情况，可以将堆肥过程分为4个阶段：升温阶段、高温阶段、降温阶段、后发酵（二次发酵）阶段，如图9-2所示。

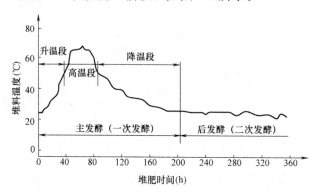

图 9-2　堆料在堆肥过程中温度的变化

（1）升温阶段（亦称产热阶段）

堆肥初期，堆层基本呈15～45℃中温状态，此时，嗜温性微生物为主导微生物，利用堆肥中可溶性有机物进行大量繁殖。它们在转换和利用化学能的过程中，使一部分化学能变成热能，由于堆料有良好的保温作用，使堆料的温度不断升高。此阶段微生物以中温、需氧型为主，通常是一些无芽孢细菌，其中最主要的是细菌、真菌和放线菌。细菌特别适应水溶性单糖类，放线菌和真菌对于分解纤维素和半纤维素物质具有特殊功能。

（2）高温阶段

当堆肥温度升到45℃以上时，即进入高温阶段。在这个阶段，嗜温性微生物受到抑制甚至死亡，嗜热性微生物逐渐成为主导微生物，堆肥中残留的和新形成的可溶性有机物继续分解转化，复杂的有机化合物如半纤维素、纤维素和蛋白质等开始被强烈分解。通常，在50℃左右进行活动的主要是嗜热性真菌和放线菌；温度升到60℃时，真菌几乎完全停止活动，仅有嗜热性放线菌与细菌在活动；温度升到70℃以上时，大多数嗜热性微生物也难以适应，微生物大量死亡或进入休眠状态。因此现代化堆肥生产的最佳温度一般为55℃，这是因为大多数微生物在该温度范围内最活跃，最易分解有机物，而病原菌和寄生虫大多数可以被杀死。

（3）降温阶段

在高温阶段微生物活性经历了对数生长期、减速生长期后，开始进入内源呼吸期。此时，堆积层内开始发生与有机物分解相对应的另一过程，即腐殖质的形成过程。在内源呼吸后期，只剩下部分较难分解及难分解的有机物和新形成的腐殖质，此时微生物活性下降，发热量减少，温度下降。在此阶段嗜温性微生物又占优势，对残余较难分解的有机物作进一步分解，腐殖质不断增多，堆肥物质逐步进入稳定化状态，需氧量大大减少、含水量降低、堆肥物孔隙增大、氧扩散能力增强，此时堆肥即进入腐熟阶段。

（4）后发酵（二次发酵）阶段

二次发酵阶段对应于常温腐熟阶段，持续30～180d或更长时间，主要功能是实现垃圾的腐熟化，获得腐熟的堆肥产品。

3. 好氧堆肥过程模拟

（1）实验装置

具体实验装置可参照中国海洋大学环境与科学学院固体废物处置与利用实验指导书中的装置设计，装置结构见图9-3，也可自行设计或购买市售的。

装置由6个有机玻璃制好氧堆肥抽屉、1台增氧泵、1套布气管路、1套固体支架、连接管道等组成，每个发酵箱容积为20L，规格为720mm×450mm×1000mm。

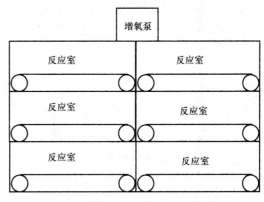

图9-3 好氧堆肥装置结构示意图

（2）实验操作步骤

1）将40kg有机垃圾进行人工剪切破碎并筛分，使垃圾粒度小于10mm。

2）测定有机垃圾的含水率。

3）将破碎后的有机垃圾投加到每个反应器中，控制供气流量为$1m^3/(h \cdot t)$。

4）在堆肥开始第1、3、5、8、10、15天分别取样测定堆体的含水率，记录堆体中央温度，从气体取样口取样测定CO_2和O_2浓度。

5）再调节供气流量分别为$1.5m^3/(h \cdot t)$和$2m^3/(h \cdot t)$，重复上述实验步骤。

（3）实验结果整理

1）记录实验主体设备尺寸、实验温度、气体流量等基本参数。

2）实验数据可参考表9-3记录。

垃圾好氧堆肥实验数据记录表　　　　　　　　　表9-3

取样时间	供气流量$1m^3/(h \cdot t)$				供气流量$1.5m^3/(h \cdot t)$				供气流量$2m^3/(h \cdot t)$			
	含水率（%）	温度（℃）	CO_2（%）	O_2（%）	含水率（%）	温度（℃）	CO_2（%）	O_2（%）	含水率（%）	温度（℃）	CO_2（%）	O_2（%）
原始垃圾												
第1天												
第3天												
第5天												
第8天												
第10天												
第15天												

9.2.2 厌氧消化过程模拟

厌氧生物处理是在无氧条件下，借厌氧微生物（主要是厌氧菌）的作用来进行的。

1. 实验装置

具体实验装置可参照中国海洋大学环境与科学学院固体废物处置与利用实验指导书中的装置设计（见图9-4），也可自行设计或购买市售的。发酵罐为有机玻璃制。配套附件有：进水泵1台；废水配水箱1个；厌氧搅拌系统1套；不锈钢加热罐1个；加热恒温水套1套（反应温度控制在40℃左右）；温度控制系统1套（控温精度：±1℃）；湿式气体流量计1台；水封槽2个；小型电器控制柜1个；漏电保护器1个；不锈钢实验台架；连接管道及阀门等若干。装置整体尺寸约：长×宽×高＝1000mm×500mm×1500mm。

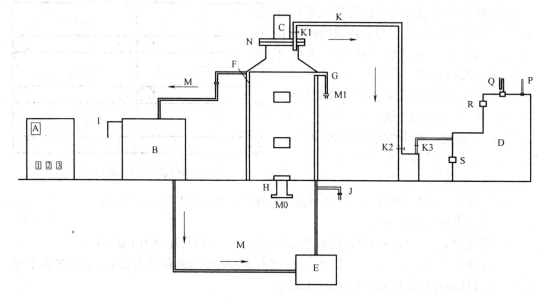

图 9-4　厌氧消化装置结构示意图

A—电源开关；B—循环水加热锅；C—搅拌机电机；D—湿式气体流量计；E—循环泵；F—外层保温水；
G—内层溢流管；H—排放口；I—加热锅溢流管；J—保温水排放口；K—出气管；K1、K2、K3—阀门；
M—保温水循环管；M0、M1—阀门；N—进料口；P—温度计；Q—压力计；R—出气孔；S—放水阀；
1—搅拌机开关；2—加热器开关；3—循环泵开关

（1）测试装置密闭性

关闭 K3，打开 K1、K2，由 M1 向装置鼓气，一段时间后关闭 M1。在各接口处抹肥皂水，没有气泡即不漏气。若不漏气打开 M1，关闭 K1、K2。连接湿式气体流量计，记录流量计初始读数。

（2）装置操作步骤

1）关闭保温水排放口 J，将锅盖顺时针方向旋转 45°左右，用接在水龙头上的水管向锅内注水。同时，打开电源总开关，按下电源控制器上的 3 键打开循环泵，当锅上的溢流管 I 开始出水时停止向锅内注水。将锅盖恢复原状，并检查连接处是否拧紧。

2）按下电源控制器上的 2 键打开加热器，设定温度对循环水加热。

3）当达到预定温度后，关闭排放口 H 的阀门 M0 及内层溢流管 G 的阀门 M1。打开进料口 N 上的螺栓，填入垃圾，然后盖上进料口 N，拧紧螺栓。打开 K1、K2、K3，按下电源控制器上的 1 键，打开搅拌机，开始厌氧消化。

4）实验进行一段时间后，记录流量计读数。

5）当全部实验结束后，关闭电源，打开排放口 H，将垃圾抽出。

6）打开保温水排放口 J，将保温水放出。

2. 实验仪器设备

（1）厌氧消化反应器：2500mL 的两口小口瓶，1 只；

（2）湿式气体流量计：1台；

（3）白炽灯泡：100W，6个；

（4）温度指标控制仪：1台；

（5）COD测定仪器：1套；

（6）碱度测定仪器：1套；

（7）烘箱：1台；

（8）马弗炉：1台；

（9）分析天平：1台；

（10）气相色谱仪：1台；

（11）酸度计：1台；

（12）漏斗、螺栓夹等。

3. 实验操作步骤

（1）从城市污水处理厂取回成熟的消化污泥，并测定其 MLSS、MLVSS。

（2）取消化污泥 2L 装入厌氧消化反应器内（控制污泥浓度为 20g/L 左右）。

（3）密闭消化反应系统，放置 1d，使碱性细菌消耗厌氧消化反应器内的氧气。

（4）配制 10g/L 的谷氨酸钠溶液。

（5）第 2 天，将厌氧消化反应器内的混合液摇匀，按确定的水力停留时间由 H 处排去厌氧消化反应器内的混合液（例如，水力停留时间为 5d，应排去混合液 400mL）。

（6）按确定的水力停留时间投加谷氨酸钠溶液和磷酸二氢钾溶液，使厌氧消化反应器内混合液体积仍然是 2L。具体操作为：1）先倒少量谷氨酸钠溶液于进料漏斗，微微打开螺栓夹使溶液缓缓流入厌氧消化反应器，并继续加谷氨酸钠和磷酸二氢钾溶液；2）当漏斗中溶液只剩很少量时，迅速关紧螺栓夹，以免空气进入实验装置。

（7）摇匀厌氧消化反应器内的混合液，开始进行厌氧消化反应。

（8）第 2 天记录湿式气体流量计读数，计算 1d 的产气量，测定排出混合液的 pH 值。

（9）以后每天重复实验步骤（5）～（8）。一般情况下，运行 1～2 个月可以得到稳定的实验系统。

（10）实验系统稳定后连续 3d 测定 pH 值、气体成分、碱度、进水 COD、MLSS、MLVSS。

实验时应注意下述实验条件：

（1）绝对厌氧。由于甲烷细菌是专性厌氧细菌，实验装置（或生产设备）应保证绝对厌氧条件。

（2）pH 值。实验系统的 pH 值宜控制在 6.5～7.5mg/L(CaCO$_3$)。当 pH 值低于 6.5 时，实验系统内可以投加碳酸氢钠调节碱度，生产性设备中则可投加石灰石调节碱度。

（3）营养。兼性细菌、厌氧细菌与好氧细菌一样，需要氮、磷营养元素以及各种微量元素，厌氧消化过程中氮、磷可按 BOD$_5$：N：P＝（200～300）：5：1 进行投加。如果实验污水或污泥含氮量不够，可以投加氯化铵作为氮源，但不能投加硫酸铵，因为硫酸弧菌会利用硫酸铵与产甲烷菌争夺有机物，产生 H$_2$S、CO$_2$ 并合成细胞，降低 CH$_4$ 的产量。

（4）温度。甲烷细菌按对温度的适应性可分为两类，即中温甲烷菌（适应温度区 30～43℃）和高温甲烷菌（适应温度区 50～60℃）。两区之间，反应速率反而减慢。可见消化反应与温度之间的关系不是连续的。厌氧消化的温度变化范围为±3℃时，就会抑制消化速率。

（5）污泥龄与负荷。厌氧消化效果的好坏与污泥龄有直接关系。在污泥厌氧消化工艺中，污泥龄（θ_c）等于水力停留时间（HRT）。上流式厌氧污泥床、厌氧滤池和厌氧流化床等新型厌氧工艺的有机负荷在中温时为 $5\sim15$kg（COD）/（$m^3 \cdot d$），也可高达 30kg（COD）/（$m^3 \cdot d$）。最好通过实验来确定最适合的负荷。污水或污泥在厌氧消化设备中的停留时间以不引起厌氧细菌流失为准，它与操作方式有关。但温度为 35℃时，对间歇进料的实验，水力停留时间约为 $5\sim7$d。

（6）混合与搅拌。混合与搅拌是提高厌氧消化效率的工艺条件之一。适当的混合与搅拌可以使厌氧细菌与有机物充分接触，使有机物分解过程加快，增加产气量，还可以打碎消化池面上的污渍，使反应器内的环境因素保持均匀。实验室里间歇进料的厌氧消化实验，在温度为 35℃时，每日混合 $2\sim3$ 次即可。

（7）有毒物质。与好氧堆肥处理相同，有毒物质会影响或破坏厌氧消化过程。例如，重金属、HS^-、NH_3、碱与碱土金属（Na^+、K^+、Ca^{2+}、Mg^{2+}）等都会影响厌氧消化。

厌氧消化实验可以用污水、污泥、马粪等进行，也可以用自己已知成分的化学药品（如醋酸、醋酸钠、谷氨酸）等进行。本实验是在 35℃条件下，采用校园垃圾、食堂厨余垃圾或污水处理厂污泥进行。本实验采用间歇进料方式，进行厌氧消化研究时，一般采用连续进料方式。

4. 实验注意事项

（1）为使实验装置不漏气，可用橡皮泥或四氟乙烯袋等其他方法密封各接口。

（2）每组宜做两个对比实验，一个为水力停留时间长于 7d，另一个为短于 7d，以观察 pH 值、碱度、产气量、COD 去除率的变化情况。停留时间短于 7d 的装置可在实验开始后的 $10\sim20$d 左右测定上述项目。

5. 实验结果整理

（1）记录实验设备和操作基本参数：

实验开始日期＿＿＿＿年＿＿月＿＿日　　实验结束日期＿＿＿＿年＿＿月＿＿日

厌氧消化反应器容积＿＿＿＿L　　实验温度＿＿＿＿℃　　泥龄 $\theta_1 =$＿＿＿＿　$\theta_2 =$＿＿＿＿

谷氨酸钠投加量＿＿＿＿＿g/d　　　　磷酸二氢钾投入量＿＿＿＿＿g/d

（2）参考表 9-4 记录产气量和 pH 值（水力停留时间 $T=$＿＿＿）。

产气量和 pH 值记录表 表 9-4

日期	湿式气体流量计读数	产气量(mL/d)	pH 值

（3）参考表 9-5 记录厌氧消化气体成分。

厌氧消化气体成分记录表 表 9-5

日期	成分					
	$h(CH_4)$(cm)	CH_4(%)	$h(CO_2)$(cm)	CO_2(%)	$h(H_2)$/(cm)	H_2(%)

（4）参考表 9-6 记录酸碱度。

酸碱度记录表　　　　　　表 9-6

| 日期 | 水力停留时间(d) | 硫酸用量 | | | 硫酸浓度(mol/L) |
		后读数	前读数	差值	

（5）参考表 9-7 记录 COD 测定数据。

COD 测定数据记录表　　　　　　表 9-7

| 日期 | 水力停留时间(d) | 空白样 | | | | 进水 COD | | | | 出水 COD | | | | 硫酸亚铁铵浓度(mol/L) |
		后读数	初读数	差值	水样体积(mL)	后读数	初读数	差值	水样体积(mL)	后读数	初读数	差值	水样体积(mL)	

（6）MLSS 和 MLVSS 的测定数据可参考表 9-8 记录，并计算 MLSS 和 MLVSS。

MLSS 和 MLVSS 测定数据记录表　　　　　　表 9-8

滤纸灰分_____

日期	水力停留时间(d)	坩埚编号	坩埚＋滤纸(g)	坩埚＋滤纸＋污泥(g)	灼烧后质量(g)

6. 实验结果与讨论

（1）绘制堆体温度随时间变化的曲线。

（2）根据实验结果讨论环境因素对好氧堆肥和厌氧消化的影响。

9.3　实训活动二：课程设计

9.3.1　堆肥过程课程设计

设计垃圾堆肥处理工程，应遵循相关的建设、运行和污染控制规范。具体设计要点为：选址、建设规模、工艺选择及主体工程设施、配套设施以及生产管理和生活服务设施、环境监测等。

典型的堆肥设计计算过程如下：

1. 原料参数

设计前应收集如下数据：m_{waste}城市垃圾日处理量，t/d；TS_{waste}总固体含量，%（湿基）；VS_{waste}有机物含量，%（干基）；C_{waste}含碳量，%（干基）；N_{waste}含氮量，%（干基）；$TS_{conditioner}$调理剂（辅料）总固体含量，%（湿基）；$VS_{conditioner}$调理剂有机物含量，%（干基）；$C_{conditioner}$调理剂含碳量，%（干基）；$N_{conditioner}$调理剂含氮量，%（干基）。

2. 设计参数

（1）主发酵过程主要设计参数

HRT_1：主发酵持续时间，d；不宜小于5d。

M_1：进入主发酵单元的物料含水率，%（质量比）；宜为40%～60%。

M_2：主发酵单元出料含水率，%（质量比）；宜在35%以下。

D_1：主发酵仓内物料密度，t/m^3；典型值为0.4～0.6t/m^3。

R_1：进入主发酵单元的物料碳氮比，宜为20：1～30：1。

η：主发酵减重率，%（质量比）。

（2）后发酵过程主要设计参数

HRT_2：后发酵持续时间，d；一般在20d以上。

M_3：后发酵单元出料含水率，%（质量比）；宜在25%～30%。

D_2：后发酵仓内物料密度，t/m^3。

（3）其他参数

T_0：环境温度，℃；

T_i：堆体目标温度，℃。

3. 计算调理剂和调节水添加量

以下两个方程联立计算后，可得调理剂（$m_{conditioner}$，t/d）和调节水添加量（m_{water}，t/d）。

$$R_1 = \frac{m_{waste} \times TS_{waste} \times C_{waste} + m_{conditioner} \times TS_{conditioner} \times C_{conditioner}}{m_{waste} \times TS_{waste} \times N_{waste} + m_{conditioner} \times TS_{conditioner} \times N_{conditioner}} \quad (9-11)$$

$$M_1 = \frac{m_{waste} \times (1 - TS_{waste}) + m_{conditioner} \times (1 - TS_{conditioner}) + m_{water}}{m_{waste} + m_{conditioner} + m_{water}} \quad (9-12)$$

4. 计算主发酵仓尺寸

（1）主发酵仓容积

$$V_1 = \frac{m_{waste} + m_{conditioner} + m_{water}}{D_1} \times HRT_1 \times K_1 \quad (9-13)$$

式中 K_1——容积系数，应大于1.1。

（2）槽仓式主发酵仓的长 L_1（m）、宽 W_1（m）、高 H_1（m）应满足下式：

$$V_1 = L_1 \times W_1 \times H_1 \quad (9-14)$$

其中物料堆高不宜高于3m。

5. 计算主发酵仓强制通风风量

（1）单位体积物料的强制通风风量 $q = 0.05 \sim 0.20 m^3/min$；

（2）每日强制通风风量 $Q = V_1 \times q \times 60 \times 24$，$m^3/d$。

6. 计算主发酵仓强制通风风压

（1）单位高度（1m）堆层的风压

$\Delta p = 1000 \sim 1500 Pa$。原料有机物含量或含水率低时，风压可取下限，反之取上限。

（2）风压最低取值

$\Delta P = H \times \Delta p$。同时应考虑穿孔管压力损失和通风管压力损失的余量。

7. 计算后发酵堆体尺寸

（1）后发酵堆体体积

$$V_2 = \frac{(m_{waste} + m_{conditioner} + m_{water}) \times (1-\eta)}{D_2} \times HRT_2 \times K_2 (m^3) \tag{9-15}$$

式中 K_2——容积系数，应大于1.1。

（2）条垛式堆体结构的长、宽、高应满足下式：

$$V_2 = \frac{1}{2} L_2 \times W_2 \times H_2 \tag{9-16}$$

其中，$W_2 = 2 \times H_2$，$H_2 = 0.9 \sim 2.4 m$。

9.3.2 厌氧消化过程课程设计

厌氧消化处理工程与堆肥处理工程类似，应遵循相关的建设、运行和污染控制规范。具体设计要点为：选址、建设规模、工艺选择及主体工程设施、配套设施以及生产管理和生活服务设施、环境监测等。此外，还对沼气的安全使用、厌氧消化后处理工艺（具体涉及固液分离工艺、沼液处理工艺和沼渣处理工艺）的内容进行了特殊规范。

典型的城市垃圾厌氧消化设计计算过程如下：

1. 原料信息

设计前，应收集如下原始数据：

（1）$Q_{biowaste}$：从城市生活垃圾中分离出来的可生物降解部分的质量，kg/d；

（2）$TS_{biowaste}$：可生物降解垃圾的总固体含量，g/g（湿基）；

（3）$VS_{biowaste}$：可生物降解垃圾的挥发性固体含量，g/g（干基）；

（4）$\rho_{biowaste}$：可生物降解垃圾的密度，kg/m³；

（5）其他原料信息：如蛋白质、脂肪、半纤维素、纤维素、木质素等成分各自在城市垃圾有机物中所占的质量分数。

2. 设计参数

（1）Y_{CH_4}：降解单位质量有机物的甲烷产率，m³/kg。可按公式（9-2）、公式（9-3）确定，或直接通过实验测定。

（2）Y_{biogas}：降解单位质量有机物的沼气产率，m³/kg。可按公式（9-2）确定，或取Y_{CH_4}的1.4～2倍，或直接通过实验测定。

（3）$\gamma_{degradation}$：有机物降解率，g/g。一般为0.4～0.75g/g。

（4）OLR_{max}：厌氧消化反应器允许的最高有机负荷量，kg（VS）/（m³·d）。一般可按以下工艺类型取值：中温/湿式为1～4kg（VS）/（m³·d），中温/半干式为3～4kg（VS）/（m³·d），高温/半干式为6～15kg（VS）/（m³·d），中温/干式为4～9kg（VS）/（m³·d），高温/干式为6～15kg（VS）/（m³·d）。

（5）HRT_{min}：厌氧消化反应器允许的最短水力停留时间，d。一般可按以下工艺类型取值：中温/湿式为14～30d，中温/半干式为12～20d，高温/半干式为6～15d，中温/干式为17～30d，高温/干式为12～20d。

（6）$TS_{material}$：厌氧消化反应器内物料的总固体含量，g/g（湿基）。根据湿式、干式和半干式工艺确定。

（7）$\rho_{material}$：厌氧消化反应器内物料的密度，kg/m^3。

（8）TS_{fibre}：沼渣的总固体含量，g/g（湿基）。带式压滤、螺杆挤压、离心三种脱水方式获得的沼渣含固率一般分别为8.7%～9.5%、13%～14%、22%～24%。

3. 计算厌氧消化反应器的有效容积（$V_{0,digester}$）

（1）有机物进料量 $Q_{organics}=Q_{biowaste}\times TS_{biowaste}\times VS_{biowaste}$，kg/d；

（2）厌氧消化反应器的有效容积 $V_{0,digester}=\dfrac{Q_{organics}}{OLR_{max}}$，$m^3$；

（3）工艺加水量 $Q_{water}=Q_{biowaste}\times\left(\dfrac{TS_{biowaste}}{TS_{material}}-1\right)$，kg/d；

（4）进入厌氧消化反应器的物料量 $Q_{material}=Q_{biowaste}+Q_{water}$，kg/d；

（5）计算物料的水力停留时间 $HRT=\dfrac{V_{digester}}{(Q_{material}/\rho_{material})}$，d；

（6）校核 HRT 是否大于 HRT_{min}，若 $HRT<HRT_{min}$，则应降低 OLR，重新计算 $V_{0,digester}$。

4. 计算厌氧消化反应器的尺寸

（1）考虑厌氧消化反应器中气体和设备占用的部分空间，引入安全系数 $f_{digester}$；

（2）厌氧消化反应器的实际体积 $V_{digester}=V_{0,digester}\times f_{digester}$，$m^3$；

（3）假设厌氧消化反应器采用圆柱体的混凝土构筑物形式，设定高 $H_{digester}$ 和直径 $D_{digester}$ 之比（比如，1:2），可计算得到 $H_{digester}$ 和直径 $D_{digester}$，m；

（4）计算得到厌氧消化反应器的表面积 $S_{digester}=\dfrac{\pi\cdot D_{digester}^2}{4}+\pi\cdot D_{digester}\cdot H_{digester}$，$m^2$。

5. 计算沼气产量（Q_{biogas}）

（1）沼气产量 $Q_{biogas}=Q_{organics}\times\gamma_{degradation}\times Y_{biogas}$，$m^3/d$；

（2）甲烷产量 $Q_{CH_4}=Q_{organics}\times\gamma_{degradation}\times Y_{CH_4}$，$m^3/d$。

6. 计算沼渣产量（Q_{fibre}）

（1）厌氧消化反应器的出料量 $Q_{digestate}=Q_{material}-Q_{organics}\times\gamma_{degradation}$，kg/d；

（2）厌氧消化反应器出料的含固量

$$TS_{digestate}=\dfrac{Q_{organics}\times(1-\gamma_{degradation})+Q_{biowaste}\times TS_{biowaste}\times(1-VS_{biowaste})}{Q_{digestate}}，kg/d；$$

（3）沼渣产量 $Q_{fibre}=Q_{digestate}\times\dfrac{TS_{digestate}}{TS_{fibre}}$，kg/d。

7. 计算沼液产量（Q_{slurry}）

沼液产量 $Q_{slurry}=Q_{digestate}-Q_{fibre}$，kg/d。

8. 计算能量产出（E_{biogas}）

（1）甲烷气体的热量值 q_{CH_4}：标准状态下为 39.58MJ/m³（1MJ＝0.27778kWh）；

（2）能量产出 $E_{biogas}＝Q_{CH_4}×q_{CH_4}＝Q_{CH_4}×39.58$。

9. 计算沼气发电机的选型参数

（1）沼气发电机组包括全部使用沼气的单燃料沼气发电机组及部分使用沼气的双燃料沼气-柴油发电机组，假设为采用双燃料的沼气-柴油发电机组，并假设柴油添加量 M_{oil} 为沼气质量 M_{biogas} 的 9%，柴油的热值 $q_{oil}＝46.04$MJ/kg；

（2）引擎电效率 $\eta_{electricity}$，取 30%；

（3）引擎热效率 η_{heat}，取 50%；

（4）沼气密度 $\rho_{biogas}＝1.11$kg/m³；

（5）沼气质量 $M_{biogas}＝Q_{biogas}×\rho_{biogas}$，kg/d；

（6）柴油添加量 $M_{oil}＝0.09×M_{biogas}$，kg/d；

（7）能量收益 $E_{total}＝\dfrac{(q_{biogas}×Q_{biogas}＋q_{oil}×M_{oil})×0.27778}{24}$，kW；

（8）电能收益 $E_{electricity}＝E_{total}×\eta_{electricity}$，kW；

（9）热能收益 $E_{heat}＝E_{total}×\eta_{heat}$，kW；

（10）引擎标称功率 $E＝E_{electricity}×1.3$，kW。

10. 计算加热管参数

（1）厌氧消化反应器内物料的消化温度 $T_{meterial}$，假设为 50℃；

（2）进料垃圾贮藏温度 $T_{biowaste}$，假设为 20℃；

（3）户外温度 T_{atm}，假设为 20℃；

（4）加热管内热介质（温水）的进口温度 T_{inlet}，可取 70℃；

（5）加热管内热介质（温水）的出口温度 T_{outlet}，可取 60℃；

（6）加热管内热介质（温水）的流速 v_H，可取 1m/s，属缓慢流动；

（7）加热管管壁内表面热交换系数 ∂_{H_1}，假设为 400W/(m²·℃)；

（8）加热管管壁外表面热交换系数 ∂_{H_2}，假设为 400W/(m²·℃)；

（9）加热管的传热系数 $K_H＝\dfrac{1}{\dfrac{1}{\partial_{H_1}}＋\dfrac{1}{\partial_{H_2}}}\partial_{out}$，W/(m²·℃)；

（10）加热管内热介质（温水）的比热容 C_{water}，取 4.2kJ/(kg·℃)；

（11）加热管内热介质（温水）的密度 ρ_{water}，取 1000kg/m³；

（12）厌氧消化反应器内物料的比热容 $C_{material}$，取 4.2kJ/(kg·℃)；

（13）厌氧消化反应器外墙保温层厚度 $\delta_{insulation}$，假设取 0.1m；

（14）厌氧消化反应器外墙保温层的导热系数 $\lambda_{insulation}$，假设为 0.05W/(m·℃)；

（15）厌氧消化反应器内墙的热交换系数 ∂_{in}，假设为 400W/(m²·℃)；

（16）厌氧消化反应器外墙的热交换系数 ∂_{out}，假设为 400W/(m²·℃)；

（17）厌氧消化反应器表面的传热系数 $K_{digester}＝\dfrac{1}{\dfrac{1}{\partial_{in}}＋\dfrac{\delta_{insulation}}{\lambda_{insulation}}＋\dfrac{1}{\partial_{out}}}\partial_{out}$，W/(m²·℃)；

（18）加入物料所需的热量 $E_{material}＝Q_{material}×C_{material}×(T_{material}－T_{biowaste})$，kJ/dQ；或

$$E_{\text{material}} = Q_{\text{material}} \times C_{\text{material}} \times (T_{\text{material}} - T_{\text{biowaste}}) \times \frac{1000 \times 0.27778}{24}, \text{ kW};$$

（19）厌氧消化反应器的表面热损失 $E_{\text{loss}} = K_{\text{digester}} \times S_{\text{digester}} \times (T_{\text{meterial}} - T_{\text{atm}})$，W；

（20）需补给的热量 $E_{\text{out}} = E_{\text{material}} + E_{\text{loss}}$，kW（1kW＝3.6MJ/h）；

（21）所需的加热管热介质流量 $Q_{\text{H}} = \dfrac{E_{\text{out}}}{C_{\text{water}} \cdot \rho_{\text{water}} \cdot (T_{\text{inlet}} - T_{\text{outlet}})}$，m³/h；

（22）加热管的直径 $D_{\text{H}} = \sqrt{\dfrac{Q_{\text{H}}}{\nu_{\text{H}}} \cdot \dfrac{4}{\pi}}$，m；

（23）加热管的长度 $L_{\text{H}} = \dfrac{Q_{\text{H}}}{K_{\text{H}} \times \left(\dfrac{T_{\text{inlet}} + T_{\text{outlet}}}{2} - T_{\text{material}}\right) \times \pi \times D_{\text{H}}}$，m。

第10章　固体废物的最终处置课程设计与实验

填埋场：一种造价低廉的固体废物最终处置技术

固体废物的最终处置是使固体废物最大限度地与环境生态系统隔离而采取的措施，是解决固体废物的最终归宿问题，对于防治固体废物的污染起着十分关键的作用。固体废物处置的总目标是确保废物中的有毒有害物质，无论现在还是将来都不会对人类及环境造成不可接受的危害。处置的基本要求是：废物的体积应尽量小，废物本身无较大危害性，处置场地适宜，设施结构合理，便于封场后定期对场地进行维护及监测。填埋场因其造价低而被广泛地运用。

固体废物处置的基本方法是通过多重屏障（如天然屏障或人工屏障）实现有害物质同生物圈的有效隔离。天然屏障指的是：①处置场地所处的地质构造和周围的地质环境；②沿着从处置场所经过地质环境到达生物圈的各种可能途径对于有害物质的阻滞作用。人工屏障为：①使废物转化为具有低浸出性和适当机械强度的稳定的物理化学形态；②废物容器；③处置场地内各种辅助性工程屏障。填埋场如图10-1所示。

图 10-1　填埋场实物图

在我国，几乎所有的城市对固体废物的最终处置都采用填埋的方式。因此了解填埋场的工艺流程和选址要求，并掌握填埋场的设计技术，是对环境专业学生的基本要求。通过本章的学习，您将掌握填埋场设计的一般原则、步骤和方法，了解如何查阅有关资料、手册及规范，学习填埋场主体工程的设计以及设计说明书的编制和设计图的绘制等基本技能。

学习目标

本章学习完后，您将能够：

（1）进一步了解填埋场的工艺流程及选址技术；

（2）掌握填埋场课程设计技能；

（3）掌握固体废物陆地处置的基本技术；

（4）熟悉填埋场气体、渗滤液产生的原因及相应的控制方法，掌握多屏障系统的设计及作用；

（5）能根据固体废物的性质选择适当的处置方法。

学习内容

10.1 填埋场的工艺流程及选址

10.2 实训活动一：城市生活垃圾卫生填埋场课程设计

10.3 实训活动二：实验

学习时间

2～8学时。

学习方式

本章实训活动设计有1个课程设计和5个实验，学校要创造条件组织学生进行实训。

需要的材料

通过图书馆数据库获取相关信息，如清华同方（CNKI）数据库、超星电子图书、万方数据库、维普期刊，英文数据库如WILEY等，或通过阅读电子期刊、阅读相关资料、实训调研等途径获取相关信息，撰写自学成果报告，为课中的交流做好准备。

10.1 填埋场的工艺流程及选址

10.1.1 填埋场的工艺流程

填埋场的工艺总体上要服从"三化"原则，生活垃圾卫生填埋典型工艺流程如图10-2所示。

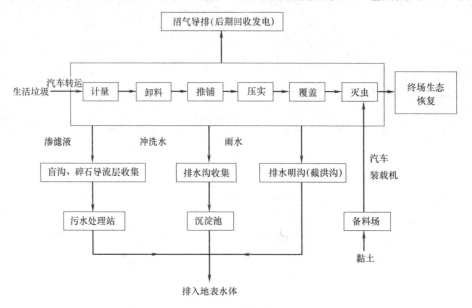

图 10-2 生活垃圾卫生填埋典型工艺流程图

填埋场由于所处的自然条件和垃圾性质的不同，如山谷型、平原型、滩涂型，其堆高、运输、排水、防渗等各有差异，工艺上会有一些变化。这些外部条件对填埋场的投资和运营费用影响很大，需精心设计。

由于填埋区的构造不同，不同填埋场采用的具体填埋方法也不同。比如在地下水位较高的平原地区一般采用平面堆积法填埋垃圾；在山谷型地区可采用倾斜面堆积法填埋垃圾；在地下水位较低的平原地区可采用掘埋法填埋垃圾；在沟壑、坑洼地带可采用填坑法填埋垃圾。实际上，无论采用何种填埋方法，其都主要由卸料、推铺、压实、覆盖和灭虫五个步骤构成。

（1）卸料。采用填坑作业法卸料时，往往设置过渡平台。而采用倾斜面作业法时，则可直接卸料。

（2）推铺。卸下垃圾的推铺由推土机完成，一般每次垃圾推铺厚度达到 30～60cm 时，进行压实。

（3）压实。压实是填埋场作业中一道重要工序，填埋垃圾的压实能有效增加填埋场的容量，延长填埋场的使用年限和对土地资源的开发利用；能增加填埋场强度，防止坍塌，并能阻止填埋场的不均匀沉降；能减少垃圾孔隙率，有利于形成厌氧环境；可减少渗入垃圾层中的降水量及蝇、蛆的滋生，并有利于填埋机械进入作业区。为了得到最佳压实密度，压实机可通过 3～4 次，保持小坡度。垃圾压实的机械主要为压实机和推土机。

（4）覆盖。填埋场的垃圾除了每日用一层土或者其他覆盖材料覆盖以外，还要进行中间覆盖和终场覆盖。日覆盖、中间覆盖和终场覆盖的功能各异，各自对覆盖材料的要求也不同。

日覆盖的目的是：①减少臭味；②控制垃圾飞扬；③控制疾病通过媒介（如鸟类、昆虫和鼠类等）传播；④减少火灾危险等。日覆盖要求确保填埋层稳定并且不阻碍垃圾的生物分解，因而要求覆盖材料具有良好的通风性能。一般选用砂质土等进行日覆盖，覆盖厚度为 15cm 左右。我国的生活垃圾在近几年已普遍采用 HDPE 或 LDPE 膜进行日覆盖。

中间覆盖常用于填埋场的部分区域需要长期维持开放（2 年以上）的特殊情况，它的作用是：①可以防止填埋气体的无序排放；②防止雨水下渗；③将层面上的降雨排出填埋场外等。中间覆盖要求覆盖材料的渗透性能较差。一般选用黏土等进行中间覆盖，覆盖厚度为 30cm 左右。

封场的区域要进行终场覆盖，其功能包括：①减少雨水和其他外来水渗入填埋场内；②控制填埋场气体从填埋场上部释放；③抑制病原菌的繁殖；④避免地表径流水的污染，避免垃圾的扩散；⑤避免垃圾与人和动物的直接接触；⑥提供一个可以进行景观美化的表面；⑦便于填埋土地的再利用等。

填埋场的终场覆盖系统由多层组成，主要分为两部分：一是土地恢复层，即表层；二是密封工程系统，从上至下由保护层、排水层、防渗层和排气层组成。覆盖材料的用量与垃圾填埋量的关系为 1:4 或 1:3。覆盖材料包括自然土、工业渣土、建筑渣土等。自然土是最常用的覆盖材料，它的渗透系数小，能有效地阻止渗滤液和填埋气体的扩散，但除了掘埋法外，其他类型的填埋场都存在因大量取土而导致的占地和破坏植被问题。工业渣土和建筑渣土作为覆盖材料，不仅能解决自然土取用问题，而且能为废弃渣土的处理提供出路。将垃圾筛分后的细小颗粒作为覆盖土也能有效地延长填埋场的使用年限，增加填埋场容量，封场后填埋场外观图见图10-3。

（5）灭虫。当填埋场温度条件适宜时，幼虫在垃圾层被覆盖之前就能孵出，以致在倾倒区附近出现大量苍蝇，当出现这种情况时，需在填埋操作区喷洒杀虫药剂进行控制。

图10-3　封场后填埋场外观图

10.1.2　填埋场场址的选择

填埋场场址的选择与评价是填埋场设计、修建、运行、维护的基础性工作，其质量的优劣会对环境和人群产生直接或潜在的长期影响，需要引起足够的重视。

1. 填埋场选址遵循的原则

（1）环境保护原则。确保填埋场周边生态环境、水环境、大气环境和人类生存环境的安全。

（2）经济原则。科学、合理的选择，达到工程造价低、使用效率高。

（3）社会性原则。不能破坏和改变周边居民的生产和生活，得到公众的支持。

（4）安全性原则。考虑水文、地质条件，以及场址的防灾等安全生产要素。

2. 影响填埋场选址的因素

（1）地形、地貌。因为填埋场每日卸料结束与最终封场均需用土壤覆盖，因此，场地选址的土壤条件应作为一个重要因素来考虑。其中包括土壤的可压实性、渗水性、可开采面积、深度、地下水位与开采量等资料，这些资料均需通过实际勘探获得。地形条件对填埋方式起决定性作用，又制约采土方法。如选用坡度平缓的平原地为填埋场时，其土质优良者，宜采用开槽填埋，开槽挖掘的土方作为覆盖土。不宜开槽的平原或峡谷以及天然坑塘与矿坑作为填埋场时，则必须在场外采土。此外，地形条件对填埋场地表径流的排泄也有较大影响。

（2）气候条件。因为气候条件会影响进出填埋场的道路条件，风的强度和风向以及降雨量、降雨强度会影响居民的生活环境。因此，在填埋场选址的过程中，对上述因素须作深入的考虑。填埋场场址应位于居民区下风向，这样填埋场气体收集后燃烧排空，对当地大气环境影响不大，对居民生活影响较小。

（3）水文地质。填埋场水文地质的核心问题是垃圾渗滤液对地下水的污染，而垃圾渗滤液的渗漏量又受控于填埋场的水文地质条件。因此，场址应位于地下水最高丰水位标高至少1.5m以上，以及地下水主要补给区之外、强径流带之外。场地应避开大地构造单元的薄弱地带，并应避开储水条件好或较好的张性、张扭性等断裂带，以防污染断裂带的深层地下水。

（4）环境保护。填埋场选址应符合城市总体规划、区域环境规划、城市环境卫生专业规划及生活垃圾卫生填埋技术规范。同时注意加强对此地带生态环境的保护，并加强对市区环境容量的研究，切忌透支环境容量的过度开发。

（5）经济因素。经济因素的影响主要从三方面来衡量。一是填埋场的建设费用是一次性的投资费用。它包括场地地形、容量、筑路及防治环境污染对场地所做的处理等费用。最好选择天然环境地质条件好的场地以节约投资。二是土地的征用费用和土地资源化。一般在填埋场选址时，土地的征用费用尽量小，尽可能多利用荒山、荒地。三是填埋场的覆土。填埋场的覆土一般为填埋库区容积的 10％～20％，如此大的覆土量占用耕地或从远距离运输都是不经济的。

（6）社会及法律。填埋场的选择必须与当地的法律、法规一致，公众对填埋场的反应也必须加以考虑。尽量选择在人口密度小、对社会不会产生明显不良影响的地区。确保有充分的土地可以操作和放置垃圾，并保证有五年以上的垃圾处理量的规划。

（7）填埋场防洪应符合国家规定。

3. 填埋场不宜设置地区

填埋场不应设在下列地区：①地下水集中供水水源的补给区；②洪泛区；③淤泥区；④填埋区距居民居住区或人畜供水点 500m 以内的地区；⑤填埋区与河流和湖泊相距 50m 以内的地区；⑥活动的坍塌地带、地下蕴矿区、灰岩坑及溶岩洞区；⑦珍贵动植物保护区和国家自然保护区；⑧公园、风景游览区、文物古迹区及考古学、历史学、生物学研究考察区；⑨军事要地、军事基地、军工基地和国家保密地区。

10.2　实训活动一：城市生活垃圾卫生填埋场课程设计

10.2.1　设计目的

训练学生全面掌握本课程的基本知识，培养学生独立完成垃圾处理方案的比较、填埋场选址的步骤、对所选场址的评析以及填埋场工程设计。

通过设计，学生应掌握填埋场设计的一般原则、步骤和方法，了解如何查阅有关资料、手册及规范，掌握填埋场主体工程的设计以及设计说明书的编制和设计图的绘制等基本方法。

10.2.2　设计任务及内容

根据所提供的资料，完成垃圾卫生填埋场的方案设计，内容包括原始资料的分析、垃圾处理工艺的选择、垃圾填埋场场址的评析以及垃圾填埋工程的设计等几部分。

10.2.3　垃圾填埋场场址的评析

根据所提供的资料，评价所选场址是否适合，主要从工程因素、社会环境因素以及经济因素几方面出发。

10.2.4　垃圾填埋工程的设计

包括：库容的计算，填埋场范围的确定，截洪沟、垃圾坝、截污坝、渗滤液调节池以及渗滤液处理厂、气体处理设施、防渗工程的设计、计算，另外还包括填埋场的操作方法、步骤，填埋场地的监测以及其他辅助设施的设计。

10.2.5　设计要求

1. 绘制设计图纸

绘制设计图纸（不少于 2 张），包括：

(1) 填埋场总平面布置图一张（1 号）；

(2) 填埋场导渗系统详图（1 号）；

(3) 填埋场导渗管平面布置图；

(4) 填埋场最终封场布置图一张（1 号）；

(5) 填埋场导气井平、剖面图一张（1 号）；

(6) 填埋库区纵剖面图一张（2 号）。

图纸格式必须满足土木工程制图的基本要求，图框、标题栏、比例、线宽等应严格按照工程制图要求执行。

2. 设计说明书

设计说明书一份，内容包括：主要设计原始资料，垃圾处理工艺方案的比较，场址选择和所选场址自然条件（地形、地貌、水文、地质、气象等）的评析，填埋工艺设计（包括工程设计计算、填埋操作方法以及辅助工程的设计）。设计说明书应有封面、目录、前言、正文、结论和建议、设计小结、参考文献等部分，最后装订成册。

3. 完成时间

一周。

10.2.6 计算内容及方法

1. 人口预测量

人口是制约城市发展的重要因素之一，过多过少都会对城市经济产生巨大的影响。但是，在实际生活中由于城市资源和发展规划的限制以及人们对生活质量要求的不断提高，人口数量不会一直无限制的增长。

人口预测量计算见公式（10-1）：

$$P_n = P_0(1+i)^{n-1} \tag{10-1}$$

式中 P_n——第 n 年的人口数；

P_0——现状人口数；

i——增长率。

2. 总体设计

填埋场总设计面积应包括远期规划面积，要求符合国家对城市生活垃圾处理工程建设项目各项指标的规定和总体土地规划的需求。填埋场可依据其建设条件和预期处理规模对场区进行分区和分期的设计和建设。其主体工程应包括以下内容：地基处理、防渗系统、填埋气体导气系统、渗滤液和填埋气体收集处理系统等。辅助工程应包括：进场道路、给水排水设施、管理区域、消防和安全设施以及其他应急设施安置地等。

（1）确定填埋场库容和面积

库容计算是设计垃圾填埋场的关键部分，计算过程正确与否直接影响到垃圾填埋场的设计使用年限和垃圾承载能力，甚至影响到投资成本。如果填埋场库容设计过小，不能够处理过多的垃圾量，则会加重城市环境压力。如果填埋场库容设计过大，则会增加国家对填埋场的建设投资，造成大量机械和设备闲置，甚至出现损坏，造成严重的浪费现象。

1）确定库容 V

$$V = \left(365 \times \frac{W \cdot P}{D} + C\right) \cdot T \tag{10-2}$$

式中　V——填埋场库容，m^3；

　　　W——垃圾产率，$kg/(人 \cdot d)$；

　　　P——人口数，万人；

　　　D——压实垃圾密度，kg/m^3，一般可取 $800kg/m^3$；

　　　C——每年需要的覆盖土体积，m^3；

　　　T——填埋场使用年限，年。

2）确定面积 A

$$A = \frac{V}{H} \tag{10-3}$$

式中　A——填埋场面积，m^2；

　　　H——平均填埋高度，m。

（2）填埋场使用年限计算

填埋场的设计规模必须根据填埋场的使用年限而定。从理论上讲，填埋场使用年限越长越好，但考虑到填埋场的经济性、填埋场地形的可能性以及填埋场终场利用的可行性，填埋场使用年限的确定必须在选址规划和填埋场封场后利用时就进行考虑。一般填埋场使用年限以 5～15 年为宜。

填埋场使用年限计算公式：

$$T = (Q - V) \times \frac{R_1 \times C}{365 \times Q_1} \tag{10-4}$$

式中　T——填埋场使用年限，年；

　　　Q——填埋场库容，m^3；

　　　V——覆土量，m^3；

　　　R_1——垃圾平均密度，t/m^3；

　　　C——垃圾压实沉降系数，$C = 1.0 \sim 1.8$；

　　365——日历年天数，d；

　　　Q_1——日处理垃圾量，t/d。

（3）填埋场用地面积和填埋场终场平地利用率

填埋场用地面积可根据日处理量、计划使用年限及平均填埋厚度（深度）进行计算：

$$S = 365 \times T \times \left(\frac{Q_1}{R_1} + \frac{Q_2}{R_2}\right) \times \frac{1}{H \times C \times R_5 \times R_6} \tag{10-5}$$

式中　S——填埋场用地面积，m^2；

　　365——日历年天数，d；

　　　T——填埋场使用年限，年；

　　　Q_1——日处理垃圾量，t/d；

　　　R_1——垃圾平均密度，t/m^3；

　　　Q_2——日覆土量，t/d；

　　　R_2——覆土平均密度，t/m^3；

　　　H——填埋场预计填埋平均高度，m；

C——垃圾压实沉降系数，$C=1.0\sim1.8$；

R_5——堆积系数，$R_5=0.35\sim0.70$；

R_6——填埋场土地的利用系数，$R_6=0.75\sim0.95$。

填埋场终场平地利用率＝终场后可利用平地面积/填埋场总面积。填埋场终场后得到的平地越宽，可利用的途径就越广，土地的再利用价值也就越高。

（4）地基处理

填埋库区地基应严格按照《生活垃圾卫生填埋处理技术规范》GB 50869—2013、《建筑地基基础设计规范》GB 50007—2011 和《建筑地基处理技术规范》JGJ 79—2012 的要求执行。它是具有承载填埋体负荷的天然土层或者经过地基处理的静止土层，且不能因填埋物的沉降而使其下层失稳。对于不能达到承载力、土层不够稳定的工程建设地基，应及时进行处理。选择地基处理方案应遵循保护环境、随机应变、就地取材和节约资源的原则，经过实地考察和工程勘测，结合填埋物的性质，在经济和技术许可的条件下方可确定。填埋库区基础包括承载层、地下水导流层、防渗层和渗滤液收集层等多层结构。其中，承载层由去除库底浮土并夯实的基础构成；地下水导流层采用疏水结构，并埋置导流管，使库底与周边环境保持地下水流动通畅状态。

（5）确定垃圾坝址及垃圾坝高

垃圾坝与一些水利工程的水坝很相似，但是其作用和受力特点与水坝完全不同。因此，对其安全级别的鉴定一定要特别慎重。一般情况下，垃圾填埋场建设地较为偏僻，人烟稀少，非工作人员不可进入，而现代化设备的加快普及，也使工作人员的数量不会太多。如果垃圾坝出现意外情况，如坍塌、崩裂等，不会出现太严重的后果。因为垃圾属于固体废物，对周边环境的破坏力度不会太强，只要及时进行维护修理，弥补缺陷，渗滤液的溢出在短时间内就可以进行挽救。综合考虑，垃圾坝的安全建设级别定为二级。垃圾坝应建设在承载力较强的土地上，为了使垃圾坝底部具有良好的防渗滤液功能和导排功能，应铺设黏土防渗层和 HDPE 膜（土工防渗膜）。按照相关规定的要求，垃圾坝的抗震能力应达到丙级。垃圾坝高度一般高于挡土墙高度。垃圾坝是用来阻挡垃圾堆体发生侧滑崩塌的，因而容易受到一侧垃圾的压力，推滑力和重力会使垃圾坝向外侧和下部陷露，如果垃圾坝坝坡的岩土抗剪切能力较强，则垃圾坝整体处于稳定状态。否则，容易使坝体崩裂，导致大量垃圾溢出、渗滤液外泄，其造成的影响很难消除，地下水、地表水和土壤都有可能被污染。为了提高垃圾填埋场的库容，垃圾坝的最大坡度采用 1：3，当垃圾坝高度小于 5m 时，主动土压力增大系数为 1.0；当垃圾坝高度大于 5m 小于 8m 时，主动土压力增大系数为 1.1；当垃圾坝高度大于 8m 时，主动土压力增大系数为 1.2。抗滑移系数采用 1.3，抗倾覆稳定系数采用 1.6，其目的主要在于增加坝体的断面尺寸。坝体地下部分占总坝高的 25%～45%。根据设计所提供的地形图，确定坝高、坝宽、边坡坡度。

（6）场区防洪与排水

1）根据地形图，划定填埋场所在流域分水岭，对环库截洪沟、库内分区截洪沟进行定线。

2）确定截洪沟设计流量 Q

截洪沟是整个垃圾填埋场的防洪设施，就是建在库区周边上部位置用于截住流向库区的洪水的沟渠，截洪沟一般设计为环库区一周，阻止洪水进入库区，减少垃圾渗滤液的产生量。

$$Q = KF \tag{10-6}$$

式中 Q——地表水流量，$\mathrm{m^3/s}$；

K——径流模数；

F——汇水区面积，$\mathrm{km^2}$；

公式（10-6）适用于流域面积小于 $1\mathrm{km^2}$ 的情况。

3）确定截洪沟尺寸（采用试算法）

① 均匀流水力计算

截洪沟水力计算按明渠均匀流进行（各渐变段及跌水段除外），矩形及梯形断面的各水力参数均可统一按如下公式计算：

$$A = \frac{Q}{v} = (b+mh)h \tag{10-7}$$

$$W = b + 2h\sqrt{1+m^2} \tag{10-8}$$

$$R = \frac{A}{W} = \frac{(b+mh)h}{b+2h\sqrt{1+m^2}} \tag{10-9}$$

$$v = C\sqrt{Rl} = \frac{1}{n}R^{\frac{2}{3}}i^{\frac{1}{2}} \quad （谢才公式） \tag{10-10}$$

$$Q = A \times v \tag{10-11}$$

$$h_k = \frac{1}{mh_k+h}\sqrt[3]{\alpha\frac{(2mh_k+b)Q^2}{g}} \tag{10-12}$$

式中 A——过水断面面积，$\mathrm{m^2}$；

W——过水断面湿周，m；

n——截洪沟的粗糙系数，根据过水断面材料的变化而变化，当采用浆砌石护面时，可按中等情况考虑，取 $n=0.023$；

R——过水断面水力半径，m；

i——设计截洪沟水力坡度，可根据地形条件以及过水能力要求确定；

b——过水断面底宽，m；

m——过水断面坡度，$m=0$ 时表示过水断面为矩形；

h——设计水深，m；

α——流速系数，一般采用 1.05；

Q——设计过水断面过水能力，$\mathrm{m^3/s}$；

v——过水断面平均流速，$\mathrm{m/s}$；

g——重力加速度；

l——管段长度，m；

C——谢才系数；

h_k——临界水深，m，一般取 $0.3\sim0.6\mathrm{m}$。

根据填埋场的地形特征，分区填埋和雨污分流可以通过修建分水堤、围筑堤坎及设计临时截洪沟等措施实现。对于库底面积较大的填埋场，可参照图10-4。

② 弯道水力计算

截洪沟弯道水力计算主要包括两部分：转弯半径的确定；转弯处内外侧水面高差 Δh（横断面超高 Δh）的计算。

③ 跌水设计计算

截洪沟单级跌水和多级跌水的计算理论都比较成熟，计算也相对简单，具体计算见《给水排水设计手册》第 7 册《城镇防洪》。

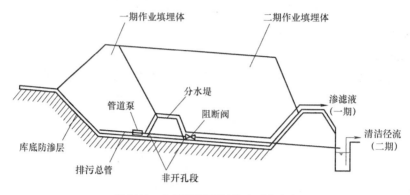

图 10-4 分区填埋雨污分流系统实例

对于山谷型和平地型填埋场，根据地形特征，通常在边坡不同平台高程设置 1 条或多条临时截洪沟。当填埋高程位于某临时截洪沟以下时，该临时截洪沟以上边坡的雨水可以直接导出（或导入终场永久截洪沟），实现雨污分流；当填埋高程达到该临时截洪沟时，该临时截洪沟被废弃，产生的径流进入渗滤液收集系统。对于地形较陡的场地，临时截洪沟通常结合锚固沟设置（见图 10-5）。

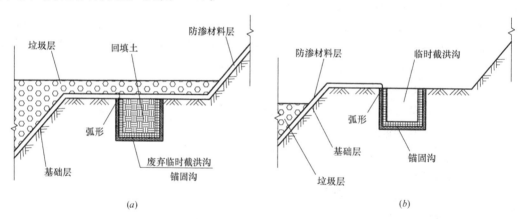

图 10-5 临时截洪沟结合锚固沟设置示意图
(a) 锚固沟示意图；(b) 临时截洪沟示意图

（7）地表径流和地下径流控制

1）周边地表径流控制，主要是设置排洪沟渠，必要时可在截洪沟下游设置洪水调节池，具体设计参照《排水工程》（上册）。

2）填埋场地下径流，是指流经填埋库区投影下方的地下水。这部分水的流动受到填埋防渗构造的阻隔及填埋场载荷压缩地基的影响，需要在填埋场底部设置导排通道，避免因局部水压积累而破坏填埋场的结构安全。其构造如图 10-6 所示。

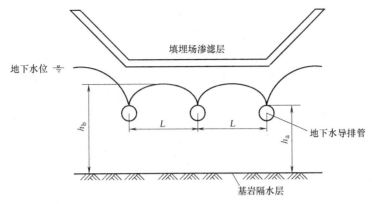

图 10-6　填埋场地下径流控制典型构造

确定地下水导排管间距可以用 Donnan 公式计算：

$$L^2 = \frac{4K(h_b^2 - h_a^2)}{Q_d} \tag{10-13}$$

式中　L——地下水导排管间距，m；

　　　K——填埋场底土壤渗透系数，m/d；

　　　h_a——导排管与基岩隔水层间的高差，m；

　　　h_b——填埋场底地下水最高允许水位与基岩隔水层间的高差，m；

　　　Q_d——地下水补给率，$m^3/(m^2 \cdot d)$。若忽略填埋场渗滤液渗漏对地下水的补给，

　　　　　则地下水补给率为：$Q_d = K_i$，i 为地下水径流水力坡度，量纲为 1。

地下水导排管管径可根据管道密度、Q_d 及管道的坡降，通过水力计算确定。

（8）渗滤液收集导排系统

汇流系统和输送系统构成了渗滤液的收集系统。汇流系统包括盲沟、收集管、渗滤液提升井等，其主体部分是由碎石在填埋场衬里或底部防渗膜保护层上设立的导流层。目的在于保证渗滤液能够及时、通畅地进入设置在导流沟内的收集管。输送系统由集水槽、潜水泵、调节池、输送管道、提升多孔管等构成。如果当地地形允许，可以利用重力优势让渗滤液自动流入存储设备内，就能省去提升系统和集液池的建设工程。按照《城市生活垃圾卫生填埋处理工程项目建设标准》的要求，所有这些组成部分要按填埋场多年逐月平均降雨量（一般为 20 年）产生的渗滤液产出量设计，并保证该套系统能在初始运行期及较大流量和长期水流作用的情况下运转而功能不受到损坏。典型的渗滤液导排系统断面及其与水平衬垫层、地下水导排系统的相对关系见图 10-7。

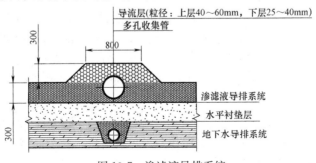

图 10-7　渗滤液导排系统

1）导流层。为了防止渗滤液在填埋场底积蓄，填埋场底应形成一系列坡度的阶地，填埋场底的轮廓边界必须能使重力水流始终流向垃圾主坝前的最低点。如果设计不合理，出现低洼反坡、场底下沉或施工质量得不到有效控制和保证等情况，渗滤液将一直滞留在水平衬垫层的低洼处，并逐渐渗出，对周围环境产生影响。导流层的目的就是将全场的渗滤液顺利地导入收集沟内的渗滤液收集管内（包括主管和支管）。

在导流层工程建设之前，需要对填埋库区范围内进行场底清理。在导流层铺设范围内将植被清除，并按照设计好的纵横坡度进行平整，根据《城市生活垃圾卫生填埋处理工程项目建设标准》的要求，渗滤液在垂直方向上进入导流层的最小底面坡降应不小于2%，以利于渗滤液的排放和防止渗滤液在水平衬垫层上积蓄。在场底清基的时候因为对表面土地扰动而需要对场地进行机械或人工压实，特别是已经开挖了渗滤液收集沟的位置，通常要求压实度要达到85%以上。如果在清基时遇到了淤泥区等不良地质情况，需要根据现场的实际情况（淤泥区深度、范围大小等）进行基础处理，在土方量不大的情况下可直接采取换土的方式解决。

导流层铺设在经过清理后的场基上，厚度不小于300mm，由粒径40～60mm的卵石铺设而成，在卵石来源困难的地区，可考虑用碎石代替，但碎石因表面较粗糙，易使渗滤液中的细颗粒物沉积下来，长时间情况下有可能堵塞碎石之间的空隙，对渗滤液的下渗有不利影响。

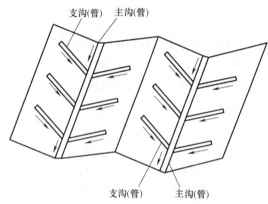

图 10-8　渗滤液收集主、支沟（管）布置示意图

2）收集沟和多孔收集管。收集沟设置于导流层的最低标高处，并贯穿整个场底，断面通常采用等腰梯形或菱形，铺设于场底中轴线上的为主沟，在主沟上依间距30～50m设置支沟，支沟与主沟的夹角宜采用15°的倍数（通常采用60°），以利于将来渗滤液收集管的弯头加工与安装，同时在设计时应当尽量把收集管设置成直管段，中间不要出现反弯折点（见图10-8和图10-9）。收集沟中填充卵石或碎石，粒径按照上大下小形成反滤，一般上部卵石粒径采用40～60mm，下部采用25～40mm。

多孔收集管按照埋设位置分为主管和支管，分别埋设在收集主沟和支沟中，管道需要进行水力和静力作用测定或计算以确定管径和管材，其公称直径应不小于100mm，最小坡度应不小于2%。选择管材时，考虑到垃圾渗滤液有可能对混凝土产生侵蚀作用，通常采用高密度聚乙烯（HDPE），预先制孔，孔径通常为15～20mm，孔距50～100mm，开孔率2%～5%，为了使垃圾体内的渗滤液水头尽可能低，管道安装时要使开孔的管道部分朝下，但孔口不能靠近起拱线，否则会降低管身的纵向刚度和强度。典型的渗滤液多孔收集管断面见图10-10。

渗滤液收集系统的各个部分都必须具备足够的强度和刚度来支承其上方的垃圾体荷载、后期终场覆盖物荷载以及来自于填埋作业设备的荷载，其中最容易受到挤压损坏的是多孔收集管，收集管可能因荷载过大，导致翘曲失稳而无法使用，为了防止发生破坏，第

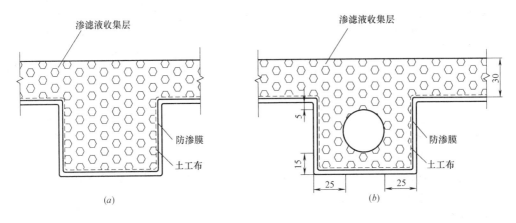

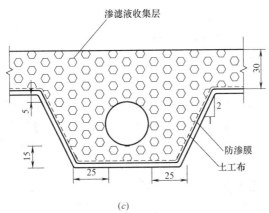

图 10-9　渗滤液收集盲沟示意图（cm）

（a）石料盲沟；（b）矩形有管盲沟；（c）倒梯形有管盲沟

1、2—倒梯形有管盲沟斜面垂直高度和水平宽度的比例值

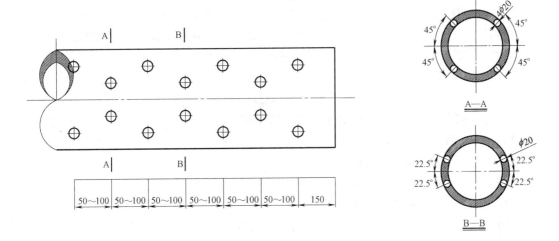

图 10-10　多孔收集管

一次铺放垃圾时，不允许在收集管位置上面直接停放机械设备。

① 渗滤液产生量 Q

$$Q=\frac{1}{1000}\times(C_1\cdot A_1+C_2\cdot A_2)I \tag{10-14}$$

式中　Q——渗滤液年产生量，m^3/a；

　　　A_1——正在填埋区汇水面积，m^2；

　　　A_2——已填埋区汇水面积，m^2；

　　　C_1——填埋区浸出系数，一般取 $0.4\sim0.6$；

　　　C_2——封场区浸出系数，一般取 $0.1\sim0.3$，也可根据下式计算 $C_2\approx0.6C_1$；

　　　I——降雨强度，mm。

② 渗滤液日处理量 Q_d

应以多年（20年）降雨量为基础，按经验公式法计算出的 Q，再以最大月降雨量的日换算值（mm/d）计算的最大渗滤液量进行校核。通常日处理渗滤液能力界于平均渗滤液水量与最大日渗滤液水量之间。

3）集液井

集液井与填埋场渗滤液的收集主管连接，以导出和提升渗滤液至调节池。集液井与主管的连接有两种方式：一是填埋体外设置竖井，竖井与穿过填埋体防渗层的渗滤液收集主管相连，井内设潜水泵，泵出流入井内的渗滤液；二是在防渗层侧壁内设置斜井，井底设置集水池与主管连接，内置可通过斜井安放的管道式潜水泵，直接在防渗层上提升和导出渗滤液。集液井在整个工艺流程中的作用是非同小可的，因为渗滤液可能会受到多种因素的影响，比如暴雨、温度等，其水量和水质相对来说不可能达到完全均衡的状态，甚至在一天之内就会出现多次变化。这些变化对于处理渗滤液的后期设备所产生的危害是非常大的，而且严重影响其使用寿命。因此，在渗滤液进入调节池做最后处理前，应将其收集起来进入集液井，相当于做简单的预处理，在其等待处理的过程中有了匀质匀量的缓冲阶段，以减缓调节池正常运行的压力。

4）确定调节池容量

调节池接收从集液井提升的渗滤液。调节池是处理渗滤液的第一步，作用在于匀化、调节和储蓄，并兼预处理。调节池容量和处理成效直接关系着后期处理工艺的复杂程度和运行成本。因此，调节池方案的确定具有重要的工程意义。

调节池容量由下式确定：

$$V_{Ln}=V_{Ln-1}+(Q_{产n}-Q_{处理n}) \tag{10-15}$$

式中　V_{Ln}——第 n 个计算周期内的库容调节量，m^3；

　　　V_{Ln-1}——第 $n-1$ 个计算周期内的库容调节量，m^3；

　　　n——计算周期，月或日；

　　　$Q_{产n}$——月或日渗滤液产生量，m^3；

　　　$Q_{处理n}$——月或日渗滤液处理量，m^3。

根据多年统计降雨资料，计算所需最大渗滤液调节容量。具体公式为：

$$Q_{余n}=Q_{产n}-Q_{处理n} \tag{10-16}$$

式中　$Q_{余n}$——月或日渗滤液余量（停留在调节池的量），m^3。

调节池容量至少为每月或每日渗滤液最大累积余量。若 $V_{Ln}<0$，则取 $V_{Ln}=0$，调节池库容按下式计算：

$$V_L = s \times V_{Ln,\max} \tag{10-17}$$

式中 s——安全系数，按表 10-1 取值。

安全系数取值 表 10-1

计算方法	20 年一遇降雨资料	50 年一遇降雨资料
逐月水量平衡计算法	1.25~1.55	1.05~1.25
逐日水量平衡计算法	1.2~1.5	1.0~1.2

注：湿润气候区取大值，干燥气候区取小值。

调节池最终方案的确定需要考虑很多方面的因素，即究竟建设在垃圾坝外还是坝内，还是坝内坝外结合使用。如果在坝外建设，那么必须增加投资和建设的费用，也要考虑填埋场整体面积的限制，无法建设面积过大的调节池。如果在坝内建设，可以减少面积，有利于经济成本，但是若渗滤液处理量增多，可能存在一定的安全风险，会对垃圾坝坝体的稳定性造成威胁。并且由于坝体内水头增大，渗滤液穿透防渗层污染地下水的可能性会增大。如果采用坝内坝外结合的方式，不会产生过大的水头压力，而且有助于大量渗滤液的调节，也可控制其外溢的风险，但是必须经过严格的计算和分析，另外，工程的投资费用也可能增大，工程的建设结构也会变复杂。

5）确定渗滤液调节池的位置及截污坝的位置和标高。

（9）选择防渗衬里及厚度

1）防渗方式选择：填埋场防渗技术应与《生活垃圾卫生填埋处理技术规范》GB 50869—2013 和《生活垃圾卫生填埋场防渗系统工程技术规范》CJJ 113—2007 的要求相符，其主要作用不仅是防止填埋区渗滤液和调节池渗滤液渗入地下水，而且要避免地下水进入填埋区。

防渗结构类型有以下几种：①天然黏土类衬里结构；②改良型黏土类衬里结构；③人工合成单层衬里结构；④复合衬里结构；⑤人工合成双层衬里结构。填埋场根据其防渗设施设置方向不同，分为水平防渗和垂直防渗。水平防渗处理是利用人工合成材料，在填埋场的底部和周边通过建设一种水利屏障形成隔离层，达到防渗目的。垂直防渗处理是在填埋场的下游或周边进行帷幕灌浆，形成垂直防渗幕墙，垃圾渗滤液被拦截在垃圾坝内侧。因垂直防渗能力有限，一般将其作为辅助防渗措施。不管采用哪种防渗方式，防渗层都必须满足 40 年的有效年限。

2）防渗衬里材料：防渗材料一般分为三种，即天然防渗、改良型衬里、人工合成膜防渗。

① 天然防渗

岩石风化以后形成的次生矿物，如黏土、亚黏土、膨润土等都可以作为天然防渗材料。由于其具有来源广泛、经济成本低、防渗透性强等优势，仍广泛地被一些国家和地区采用。而目前，对于防渗系统的要求不断提高，且土地资源日益紧缺，天然防渗的利用受到了严重的抑制。使用天然防渗必须满足以下条件：

a. 铺设厚度应超过 2m，分布均匀，渗透系数不得小于 1×10^{-7} cm/s。

b. 有较强的耐腐蚀性，不与防渗材料发生反应。

c. 通过 200 目筛子的颗粒能达到 30％，液限大于 30％，塑性大于 1.5，pH 值大于 7。

② 改良型衬里

改良型衬里是向亚黏土、亚砂土等性能不达标的次生矿物中人工加入有机或者无机添加剂，以达到改善其性能的目的。相对来说，无机添加剂由于费用低、效果好，适用于发展中国家。常用的改良型衬里有以下两种：

a. 黏土-膨润土改良型衬里：将 3％～15％ 的膨润土加入到天然黏土中，通过膨润土遇水吸收膨胀及其强大的阳离子交换容量，不仅可以堵住黏土的孔隙，降低其渗透性，还可以增加对污染物的吸附能力，使其力学强度大幅度升高。

b. 黏土-石灰、水泥改良型衬里：将适量的石灰、水泥加入到天然黏土中，掺入合适的添加剂压实后，大大减小了黏土的孔隙率并提高了其吸附能力，也增强了黏土抵抗酸碱的能力。经过改善后的黏土渗透系数可以达到 1×10^{-9} cm/s。

③ 人工合成膜防渗

黏土型防渗层无论加入何种辅助物质，其本身存在的孔隙都不能够完全被堵塞。除非其铺设厚度足够大或者渗透性足够低，否则不能完全将渗滤液阻隔。并且，优质黏土的形成对地质条件要求极其高，不是任何场址都可以得到得天独厚的优势来满足其需求。所以，合成人工防渗材料是势在必行的，并且具有相当广阔的应用前景。

人工衬里材料需要满足以下条件：渗透系数不能超过 1×10^{-7} cm/s；不能与渗滤液发生反应，从而改变防渗材料的结构和渗透性；抵挡真菌、土壤细菌、紫外线腐蚀的能力较强；具有适宜的厚度和强度，具有足够的抗压、抗拉能力，能够承受得住填埋体的压力和施工强度的压力；具有较好的稳定性，能够承受气温骤变，不会因冷热变化而产生明显的物理结构变异；便于施工、维护。

3) 防渗做法：首先按照填埋场工艺流程和库区面积将所占用土地清理干净，并且做好地基稳定工作，用人工防渗膜对工程进行铺设、施工和验收。然后将库底防渗的基础层处理平整，保证无裂缝、无松动，表面不可有任何积水、石块和树枝等可能破坏防渗膜的尖锐杂物。按照要求，填埋场所处场所的纵向、横向坡度不能大于 2％，并且中间过渡地区要平缓。按照基础要求，平整度约为 $2 \mathrm{cm/m^2}$，压实度要大于 93％，洁净度要求在垂直深度 2.5cm 内不得有任何树根、玻璃屑、钢筋头等物品。整个场地的不均匀沉降度应在 10％ 的范围内。人工防渗层包括 HDPE 土工膜、防渗保护膜和膜上保护层。经压实处理后厚度约为 75cm 的黏土可作为防渗保护层，其渗透系数应小于 1×10^{-7} cm/s。防渗层可选取 1.5mm 厚度的 HDPE 人工防渗膜，架设应由专门的工作人员进行工作，以保证铺设效果。在防渗层之上铺设一层 $600 \mathrm{g/m^2}$ 的无纺长丝土工布作为膜上保护层。

最后处理边坡防渗，边坡防渗结构要求稳定，压实度必须超过 90％。若填埋场为平原型，应将周围环境清洁干净，当开凿深度大于 0.3m 时，应用素土填压，在其上铺设 75cm 厚的黏土层，压实后再次铺设 1.5mm 厚的 HDPE 膜和 $600 \mathrm{g/m^2}$ 的无纺长丝土工布。但是由于填埋场处于室外环境中，受热胀冷缩及其自重的影响，往往经过时间的沉淀，磨损致破。因此，在垃圾填埋坡面上，每上升 4m 设置一道宽度约为 2m 的锚固沟，允许膜的弹性拉伸。

（10）渗滤液处理厂设计

1）确定渗滤液水质；

2）确定渗滤液处理目标；

3）确定渗滤液处理工艺及各构筑物的技术参数；

4）绘制渗滤液处理厂的总平面图及高程图。

（11）气体控制

1）计算产气量

$Q=0.013\sim0.047\text{m}^3/\text{kg}$（挥发性有机固体）。

2）气体收集方式

填埋气体收集系统包括：填埋气体收集系统、填埋气体输送系统、填埋气体抽气及预处理系统。填埋气体收集系统可分为主动收集和被动收集。被动收集是指填埋气体依靠预设的管道自动流动收集，包括被动排放井、管道、水泥墙、截留管等，适用于一些小型的垃圾填埋场。而主动收集就是用真空的方式来收集填埋气体，包括集气/输送管道、抽风机、抽气井、气体净化设备、填埋气体设施、冷凝液收集装置，一般情况下，如果垃圾填埋场填埋深度超过10m且库容大于1.0×10^6t，采用主动收集，否则采用被动收集。

① 导排竖井。早期的填埋气体主要采用竖井收集系统，具体做法是在填埋场填埋完垃圾不久，即用挖掘机械或人工打井的方式建造竖井收集系统，该收集系统不易收集早期的填埋气体，在系统建成前就有大量气体逸出，为了避免这一缺点，可将填埋场分成不同的区域、分期填埋。导排竖井气体回收系统见图10-11。竖井直径一般为60～100cm，内置收集管，并用粒径25～50cm的砾石等透气性材料填充。收集管多采用HDPE管或PVC管，管径为100～200mm，下部开孔。孔的形状可为长方形或圆形，一般长方形宽度为6～10mm，长度15～36mm；圆形直径为10～20mm。通常沿圆周均匀开4个孔，沿长度方向的孔间距为10～15cm。为防止吸入从填埋体表面渗入的空气，收集管的上部通常为非穿孔结构。为防止填埋体由于不均匀沉降而存在强大应力，收集管应分段布置，各分段间采用柔性材料（如橡胶管）连接。主动收集型LFG导排竖井的典型剖面结构见图10-12。竖井的作用是在填埋范围内提供一种透气排气空间和通道，同时将填埋场内的渗滤液尽快引至场底。

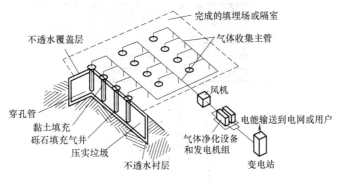

图 10-11 导排竖井气体回收系统示意图

导排竖井也适用于气体被动导排操作，用于被动导排时，竖井的下部结构相同，区别在于井口的构件由与主动收集系统配套改为被动排放口（见图10-13）。

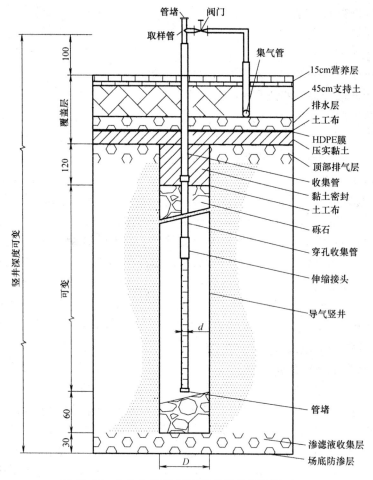

图 10-12 主动收集型 LFG 导排竖井剖面图（cm）

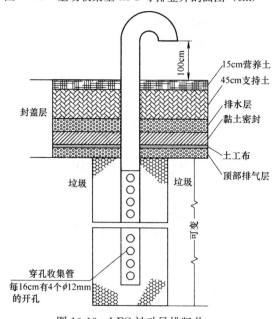

图 10-13 LFG 被动导排竖井

填埋体内导排竖井的布置间距应根据抽气井的影响半径 R（抽气井收集填埋气体的最大范围，在此范围内，填埋气体都向抽气井运动而被收集）按互相重叠的原则设计。如图 10-14 所示，导排竖井按正方形布置，竖井间距为 $\sqrt{2}R$，抽气影响区互相重叠达到 60%；导排竖井按正三角形布置，竖井间距为 $\sqrt{3}R$，抽气影响区互相重叠达到 27%。抽气井的影响半径一般可通过抽气实验获得。在缺少实验数据的情况下，抽气井的影响半径可采用 $30\sim40m$。已知抽气井的影响半径，根据竖井的布置形式，就可确定竖井的设置间距，其值一般为 $40\sim60m$。

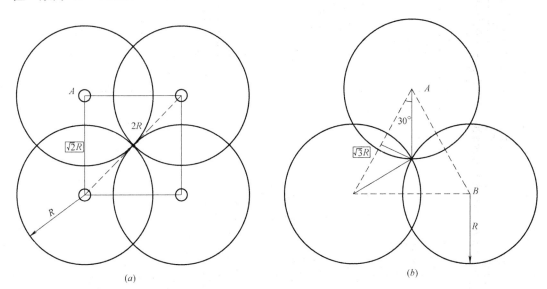

图 10-14　填埋体内导排竖井的布置间距
(a) 正方形布置；(b) 正三角形布置

② 水平收集。水平式收集系统是在垃圾填埋到一定高度后，在填埋场内铺设水平收集主管，然后，将水平气管收集到的气体汇集到收集主管。一般水平收集管的垂直间距为 25mm 左右，水平间距为 50mm 左右。水平收集气体的表面积大，而且可以在填埋场设置多层。但是，该系统会受垃圾体内的污泥、管内形成的冷凝液的影响，阻塞管道，降低收集率，在施工时必须充分考虑这些问题。

在填埋作业至相应的高程时，通过在填埋体内挖沟形成气体水平收集沟，收集沟可以在填埋场的覆盖层边坡（前坡）或填埋体底壁（后坡）与收集主管连接，如图 10-15 所示。不同高程的水平收集沟与 LFG 主动收集系统连接示意图，如图 10-16 所示。

③ 地面收集器。填埋场在表面覆盖完成以后，便可进行表面收集系统的安装，整个系统是由排气管编织而成的收集网，填埋气体通过排气细管输送到系统的几个中央采气点进行收集；另一个方法是在表面覆盖层的下面铺设开孔抽气管，但该技术的应用必须在整个填埋场沉积密实稳定以后才能安装。

填埋场占地面积大，在作业过程中会对地表水和地下水的排水通道产生影响，设置人工排水通道是十分必要的。

3）收集管路设计计算

填埋气体收集管路设计，包括确定收集管管径、压力损失以及风机设备选型。计算步

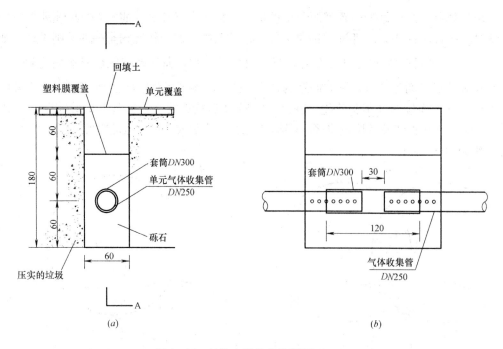

图 10-15 气体水平收集沟详图（cm）

(a) 水平收集沟剖面图；(b) A—A剖面图

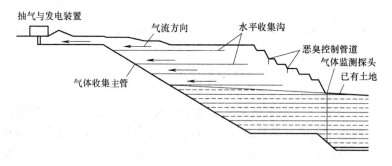

图 10-16 水平收集沟与 LFG 主动收集系统连接示意图

骤如下：

① 根据填埋气体收集系统布置，绘制收集系统的计算草图。

② 在计算草图上标注管段编号、各管段的长度和填埋气体产生量（或抽气量）。

③ 选择最不利管道，并进行以下计算：

a. 根据各管段流量，选择合理流速。

b. 利用公式（10-18）计算管道尺寸。

$$D=\sqrt{\frac{4Q}{\pi V}} \tag{10-18}$$

式中 D——管道内径，m；

Q——气体流量，m^3/s；

V——气体流速，m/s。

c. 根据管径计算结果，选择对应的标准断面尺寸，并由公式（10-19）计算实际的气体流速。

　　d. 计算雷诺数。

$$Re = DV/\upsilon \tag{10-19}$$

式中　Re——雷诺数，量纲为 1；

　　　　υ——填埋气体的运动黏滞系数，取 $8.897 \times 10^{-6} \mathrm{m}^2/\mathrm{s}$。

　　e. 计算摩擦阻力系数（经验公式）。

$$\lambda = 0.0055 + 0.0055[(20000\varepsilon/D) \times (1000000/Re)]/3 \tag{10-20}$$

式中　λ——摩擦阻力系数，量纲为 1；

　　　　ε——管道绝对粗糙度，m，PVC 管取 1.68×10^{-6} m。

　　f. 计算管道沿程阻力和局部阻力。

　　沿程阻力计算如下：

$$\Delta p = \lambda \frac{1}{D} \cdot \frac{V^2 \cdot \rho}{2} l \tag{10-21}$$

式中　Δp——管道压力损失，Pa；

　　　　ρ——填埋气体的密度，$\mathrm{kg/m}^3$，一般可取 $1.36 \mathrm{kg/m}^3$；

　　　　l——管道长度，m。

　　局部阻力根据阀门和管件的数量分别进行计算。

　　④ 并联管路计算，阻力平衡计算与调整。

　　⑤ 计算系统总阻力。

　　⑥ 选择风机。

　　（12）填埋气体的净化

　　填埋气体自由排放会对人体和环境造成严重的危害，根据"三化"原则，可以将其收集并进行相应的处理以便作为资源加以利用。填埋气体潜藏的能量是非常巨大的，它的热值和城市煤气热值接近，约为 $18828 \sim 23012 \mathrm{kJ/m}^3$，也就是说，$1\mathrm{m}^3$ 填埋气体的能量相当于 0.45L 柴油或者 0.6L 汽油的能量。但是，在应用填埋气体之前，必须对其进行净化预处理。因为填埋气体成分相当复杂，在尽可能提升 CH_4 含量的同时，也要减少微量气体的含量，以避免受到危害。在填埋场中，由于实际填埋气体温度较高，填埋气体中水蒸气接近饱和，压强高于外界大气压强，所以应采用冷凝器、沉降器或者低温冷冻等方式进行脱水，此时，填埋气体的热值提高了 10% 左右。填埋气体中还含有少量 H_2S，对工程设备会有腐蚀作用。尤其含有硫酸盐污泥和石膏板的垃圾，其中的 H_2S 含量会大大增加。脱硫技术主要分为湿式吸收工艺和吸附工艺，如常用的碱液吸收法、催化吸收法和活性炭吸附法等。CO_2 也是填埋气体的主要成分之一，分离 CO_2 的方法有：吸收分离、吸附分离和膜分离。

　　3. 其他辅助设施

　　（1）道路工程，确定进场道路（一般按三级道路设计）和环库道路。

　　（2）生产管理区，包括办公化验楼、车库、食堂、浴室、锅炉房、油库、宿舍、水塔、传达室、地磅房等。

　　（3）场内维修站，包括值班休息室、停车场、维修间和车辆检修平台等。

　　（4）动力、水、电供应系统及通信系统。

4. 垃圾填埋作业及封场

(1) 确定填埋方法;

(2) 填埋场主要机械设备选择;

(3) 填埋作业区划分;

(4) 填埋操作见图 10-17,分为上推式和下推式填埋作业;

(5) 封场覆盖材料及做法。

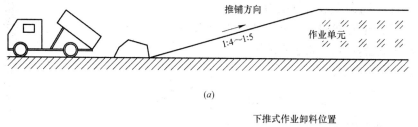

(a)

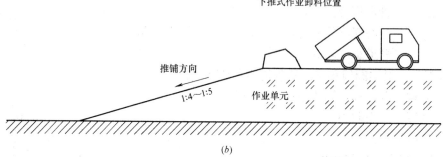

(b)

图 10-17 垃圾推铺作业方式示意图

(a) 上推式;(b) 下推式

5. 场地监测

(1) 渗滤液监测;

(2) 地下水监测;

(3) 地表水监测;

(4) 气体监测。

6. 整理设计说明书

7. 绘制填埋场图

填埋场总体布置图、填埋库区总平面图、填埋库区纵剖面图(见图 10-18～图10-20)。

10.2.7 主要参考书、手册、标准和规范

(1)《室外给水设计规范》GB 50013—2006;

(2)《排水工程》(下册);

(3)《环境质量评价》;

(4)《给排水设计手册》第 1 册《常用资料》、第 7 册《城镇防洪》;

(5)《生活垃圾填埋场污染控制标准》GB 16889—2008;

(6)《生活垃圾卫生填埋处理技术规范》GB 50869—2013;

(7)《生活垃圾卫生填埋场防渗系统工程技术规范》CJJ 113—2007;

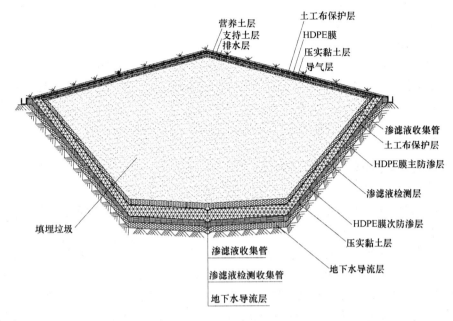

图 10-18 填埋场构造示意图

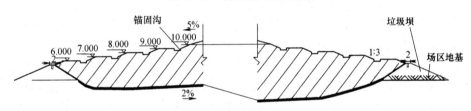

图 10-19 填埋库区剖面图

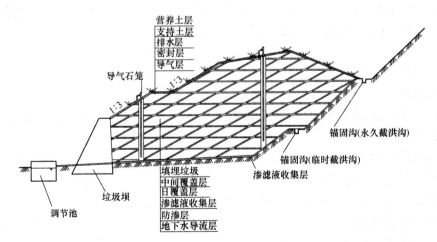

图 10-20 填埋库区纵剖面图

（8）《生活垃圾卫生填埋场封场技术规范》GB 51220—2017；

（9）《生活垃圾填埋场无害化评价标准》CJJ/T 107—2005；

（10）《生活垃圾卫生填埋场运行维护技术规程》CJJ 93—2011；

（11）《生活垃圾卫生填埋场环境监测技术要求》GB/T 18772—2008；

（12）《生活垃圾填埋场环境监测技术标准》CJ/T 3037—1995；

（13）《地面水环境质量标准》GB 3838—2002；

（14）《污水综合排放标准》GB 8978—1996；

（15）《城市生活垃圾卫生填埋处理工程项目建设标准》中华人民共和国建设部主编。

10.3　实训活动二：实验

10.3.1　垃圾填埋场稳定化过程模拟

1. 实验目的与意义

通过设计及操作历时几个月的垃圾填埋模拟实验，掌握垃圾在不同运行方式下的降解和稳定化过程。

填埋处置就是在陆地上选择合适的天然场所或人工改造出合适的场所，把固体废物用土层覆盖起来的技术。这种处置方法可以有效地隔离污染物、保护好环境，并且具有工艺简单、成本低的优点。目前填埋处置在大多数国家已成为固体废物最终处置的一种重要方法。随着环境工程的迅速发展，填埋处置已不仅仅是简单的堆、填、埋，而是更注重对固体废物进行"屏蔽隔离"的工程贮存。填埋主要分为两种：一般城市垃圾与无害化的工业废渣是基于环境卫生角度而填埋，称卫生土地填埋或卫生填埋；而对有毒有害物质的填埋则是基于安全考虑，称安全土地填埋或安全填埋。

填埋分为厌氧填埋、好氧填埋和准好氧填埋三种类型。其中好氧填埋类似高温堆肥，最大优点是可以减少因垃圾降解过程渗滤液积累过多造成的地下水污染，其次好氧填埋分解速度快，所产生的高温可有效地消灭大肠杆菌和部分致病细菌；但好氧填埋处置工程结构复杂，施工难度大，投资费用高，故难于推广。准好氧填埋介于好氧和厌氧之间，也存在类似好氧填埋的问题，使用不多。厌氧填埋是国内采用最多的填埋形式，具有结构简单、操作方便、工程造价低、可回收甲烷气体等优点。

2. 实验原理

参见 9.2.2 的厌氧消化部分。

3. 实验装置

具体实验装置可参照中国海洋大学环境与科学学院固体废物处置与利用实验指导书中的装置设计，装置结构见图 10-21，也可自行设计或购买市售的。

（1）技术条件与指标

1）主体反应柱：直径 180mm；

2）保温外套：直径 200mm，柱高 2000mm；

3）最高使用温度：60℃；

4）加热功率：1.5W；

5）控制系统精度：±1℃；

6）取样口 4 个；

7）卸料口 1 个；

8）集气罩 1 个；

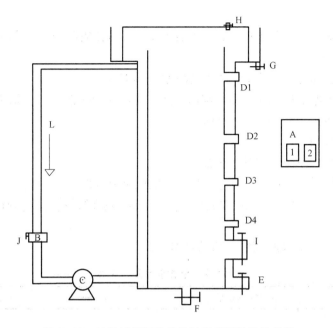

图 10-21　垃圾填埋场稳定化过程模拟装置结构图

A—电源总开关；B—循环水加热锅；C—循环泵；D1、D2、D3、D4—取样口；

E—循环水排放口；F—渗滤液出口；G—水封水排放口；H—排气口；L—循环水管；

I—垃圾排放口；J—加热锅溢流管；1—加热锅开关；2—循环泵开关

9）排液口 1 个；

10）加热恒温装置 1 套；

11）仪表控制箱 1 个；

12）加热罐 1 只；

13）排气口 1 个；

14）循环水泵 1 台；

15）支架、连接管道及阀门等 1 套。

（2）装置结构

1）柱体：填埋柱的柱体由有机玻璃制成，方便观察；

2）取样口：在不同高度设有 4 个取样口，对其阶段的反应结果进行取样分析；

3）保温装置：使填埋柱内保持一定的反应温度，以利于加快其反应速度，装置采用保温水套的形状，对其加热保温；

4）卸料口：方便卸料；

5）集气罩：对反应所产生的气体进行收集。

装置总体尺寸：长×宽×高＝1050mm×600mm×2350mm。

4. 实验操作步骤

（1）首先检查设备有无异常（漏电、漏水等），一切正常后开始操作；

（2）对有机物在柱内进行分层填埋、堆肥至顶部，也可在顶部盖上一层黏土；

（3）加入恒温水，打开温度控制开关与循环泵开关，对系统进行加热保温工作；

（4）反应时间一般为 10～60d，根据实际情况而定，在此期间可对不同反应时间阶段进行取样分析；

（5）反应结束后，卸除余料，关闭所有电源，检查设备状况，没有问题后离开。

5. 实验注意事项

（1）加热器加热时，必须保证内部充满水，不能空烧。

（2）程序控制器如长时间不用，则内部会无电，不能正常工作。此时，需按一下复位按钮，并将电源插上后，方能正常使用。

6. 实验结果整理

（1）记录实验设备和操作基本参数：

实验开始日期_____年___月___日　　实验结束日期_____年___月___日

填埋柱容积_____L　垃圾填埋高度_____cm　覆土层厚_____cm

实验温度_____℃

（2）参考表 10-2 记录产气量、渗滤液水量。

产气量、渗滤液水量记录表 表 10-2

日期	湿式气体流量计读数	产气量(mL/d)	渗滤液液面高度(cm)

（3）气相色谱仪测得的气体成分记录见表 10-3。

气相色谱仪测得的气体成分记录表 表 10-3

日期	成分					
	$h(CH_4)$(cm)	CH_4(%)	$h(CO_2)$(cm)	CO_2(%)	$h(H_2)$(cm)	H_2(%)

（4）参考表 10-4 记录 COD 测定数据。

COD 测定数据记录表 表 10-4

日期	水力停留时间(d)	空白样				进水 COD				出水 COD				硫酸亚铁铵浓度(mol/L)
		后读数	初读数	差值	水样体积(mL)	后读数	初读数	差值	水样体积(mL)	后读数	初读数	差值	水样体积(mL)	

（5）MLSS 和 MLVSS 的测定数据可参考表 10-5 记录，并计算 MLSS 和 MLVSS。

MLSS 和 MLVSS 的测定数据记录表　　　　表 10-5

滤纸灰分_____

日期	水力停留时间(d)	坩埚编号	坩埚＋滤纸(g)	坩埚＋滤纸＋污(g)	灼烧后质量(g)

7. 实验结果与讨论

（1）绘制填埋柱内产气量和气体组分随时间变化的曲线。

（2）绘制填埋柱渗滤液水量和水质随时间变化的曲线。

（3）根据实验结果讨论环境因素对填埋场稳定化过程的影响。

10.3.2　垃圾渗滤液的沥浸实验

1. 实验目的

（1）了解渗滤液的污染物特征及变化规律；

（2）了解渗滤液处理的必要性。

2. 实验原理

垃圾渗滤液具有污染物浓度高、处理难度大、处理费用高等特点，其污染物包括有机污染物、氨氮、金属离子和总溶解性固体等。描述垃圾渗滤液污染的主要指标包括：pH值、色度、总固体、总溶解性固体、悬浮固体、硫酸盐、氨态氮、凯氏氮、氯化物、磷、BOD、COD 以及重金属等。

垃圾渗滤液直接排放会对地表水体造成污染，若填埋场防渗系统不健全或损坏还可能对填埋场场址区地下水体造成污染。在进入场址区地下水体以前，渗滤液将运移通过填埋场防渗层和介于防渗层和地下水含水层之间的包气带。

在防渗层和下部包气带系统中，渗滤液中的污染物的阻滞和迁移主要受下列物理、化学和生物机理的影响：

（1）物理机理

1）对流。污染物以渗流平均流速随渗滤液一起运移传播的现象叫作对流。因对流而迁移的污染物数量与渗滤液污染物浓度和渗流平均流速成正比。

2）水动力弥散。水动力弥散包括分子扩散和机械弥散两部分。

分子扩散是由污染物浓度梯度引起的污染物组分从高浓度的地方向低浓度的地方运移的现象。当渗滤液流速很低的时候，扩散就成为污染物的主要迁移过程。

机械弥散是由于渗滤液在土壤孔隙中流动时因污染物的流速矢量的大小和方向不同而引起相对于平均流速的离散现象。它主要是由于单个孔隙通道中流速分布呈抛物线形、渗流通道孔径大小不一样以及孔隙本身的弯曲现象所引起。

3）物理吸附。物理吸附是因防渗层和下部包气带中的细粒土的范德华力、水动力和电动特性联合作用所引起的污染物滞留现象。相对其他机理而言，物理吸附对污染物的阻滞作用相对较小，但它是细菌和病毒的一个重要去除机理。

4）过滤作用。黏土防渗层和下部包气带土粒间孔隙较小，能通过过滤作用去除渗滤液中的悬浮固体、金属沉淀、细菌以及部分病毒。

（2）化学机理

1）沉淀/溶解反应。该反应可在渗滤液通过防渗层和下部包气带时控制渗滤液中污染物的浓度并限制污染物总量。污染物的迁移与阻滞由沉淀-溶解平衡状态方程决定，若渗滤液中污染物浓度高于平衡浓度则产生沉淀使污染物运移受到阻滞，反之，当渗滤液中污染物浓度低于平衡浓度时也会使沉淀溶解而增加污染物的迁移。

沉淀/溶解反应对渗滤液中微量金属的迁移命运特别重要。根据防渗层和下部包气带土-水系统所处氧化还原状态的不同可生成碳酸盐沉淀、硫化物沉淀和氢氧化物沉淀。在pH值呈中性或碱性的环境中，通过形成沉淀而使金属受到阻滞的作用更加明显。

2）化学吸附。化学吸附是由于化学键的作用使渗滤液中的污染物质吸附到防渗层黏土颗粒表面的作用。化学吸附具有明显的选择性，它是不可逆的，因而化学吸附对污染物起阻滞作用。

3）络合反应。络合反应是指金属离子同无机阴离子和有机配位体形成无机络合离子和金属络合物的反应。络合反应可从两个方面影响渗滤液中污染物的迁移和阻滞：一方面通过形成可溶络合离子大大增加污染组分在溶液中的浓度；另一方面，若形成的络合物特别是有机螯合物存在于固体物质表面和溶液之间，则渗滤液中污染组分浓度会大大降低。

4）离子交换。由于土壤黏土矿物晶格中阳离子的取代（如硅氧四面体中部分 Si^{4+} 被 Al^{3+} 取代，铝氧八面体中部分 Al^{3+} 被 Fe^{2+} 或 Mg^{2+} 取代）而使晶体中产生了过剩的负电荷即永久性负电荷。当形成黏土矿物时，为平衡负电荷就会在晶层表面上吸附 K^+、Na^+、Ca^{2+}、Mg^{2+} 等阳离子补偿永久性负电荷。当黏土与渗滤液相接触时，渗滤液中的阳离子就可能与黏土颗粒表面的阳离子产生离子交换反应，高价阳离子置换低价阳离子，半径大的阳离子置换等价但半径小的阳离子，此外，离子交换还受质量作用定律支配。

离子交换能力通常用交换容量 CEC（100g 土样吸附离子的毫摩尔数）来表示，一般 CEC 受黏土矿物组成、有机物种类和数量以及土/水溶液的 pH 值影响。就三种主要黏土的离子交换能力而言，显然蒙脱石＞伊利石＞高岭石。在渗滤液中 Ca^{2+}、Mg^{2+}、K^+、Na^+ 浓度通常比微量金属浓度高，因而这些微量金属不能成功竞争 K^+、Na^+、Ca^{2+}、Mg^{2+} 等占据的离子交换位置，所以与其他机理相比，离子交换去除微量金属效果并不显著。

实质上吸附（包括物理吸附）、络合和离子交换过程是很难区分的，通常这三种机理都归结为一个机理来加以考虑。

5）氧化还原反应。当渗滤液中的氧化还原电位与土壤溶液中的氧化还原电位不同时就会发生污染物的氧化还原反应。氧化还原环境的不同会影响微量金属的滞留以及硫、氮的不同化合物存在方式之间的转化。

6）化学降解。一些污染物（一般是有机物）在没有微生物参加的情况下发生分解反应而转化成毒性小或无毒的形式。

（3）微生物活动

微生物活动对污染物的迁移影响是很显著的，氧化还原反应、矿化作用、沉淀/溶解反应以及络合反应都在一定程度上归功于微生物活动，特别是通过微生物的生物降解，复杂有机化合物经过一系列反应后会分解成简单有机物甚至无机物而使有机污染物得到很大幅度的去除。

通过垃圾渗滤液实验，理解上述反应对渗滤液污染物的去除机理和净化效果，体会填埋场选址对地下水水位要求的重要性。

3. 测定 COD 所需药品及配制方法

（1）0.25mol/L 重铬酸钾标准溶液：称取预先在 120℃ 烘箱中烘干 2h 的优级纯重铬酸钾 12.258g 溶于水中，移入 1000mL 容量瓶中，稀释至标线，摇匀。

（2）硫酸银-硫酸溶液：称取 10g 硫酸银，加到 1L 硫酸中，放置 1~2d 使之溶解，并摇匀，使用前小心摇动。

（3）硫酸亚铁铵标准溶液（0.05mol/L）：称取 19.5g 硫酸亚铁铵溶解于水中，加入 10mL 硫酸，待溶液冷却后稀释至 1000mL。临用前，必须用重铬酸钾标准溶液准确标定硫酸亚铁铵溶液的浓度；标定时应做平行双样。

标定方法：取 5.00mL 重铬酸钾标准溶液置于锥形瓶中，用水稀释至约 50mL，缓慢加入 15mL 硫酸，混匀，冷却后加入 3 滴（约 0.15mL）试亚铁灵指示剂，用硫酸亚铁铵滴定，溶液的颜色由黄色经蓝绿色变为红褐色即为终点，记录下硫酸亚铁铵的消耗量 V（mL）。硫酸亚铁铵标准滴定溶液浓度按下式计算：

$$C=\frac{5.00\text{mL}\times 0.25\text{mol/L}}{V}=1.25/V \tag{10-22}$$

式中　C——硫酸亚铁铵标准溶液的浓度，mol/L；

V——滴定时消耗硫酸亚铁铵溶液的体积，mL。

（4）试亚铁灵指示剂：溶解 0.7g 七水合硫酸亚铁于 50mL 水中，加入 1.5g 邻菲罗啉，搅拌至溶解，稀释至 100mL，贮存于棕色瓶内。

（5）硫酸（H_2SO_4）：$\rho=1.84$g/mL，优级纯。

（6）硫酸银（Ag_2SO_4）。

（7）硫酸汞溶液（$HgSO_4$）：称取 10g 硫酸汞，溶于 100mL 硫酸溶液中，混匀。

（8）防爆沸玻璃珠。

4. 实验仪器与设备

模拟淋滤装置（见图 10-22）、pH 计、回流锥形瓶、回流冷凝管、酸式滴定管、电炉子。

5. 实验操作、结果计算及数据处理、误差范围

（1）取适量土壤，取出石头、瓦块等粒度较大的颗粒后，摊铺晾干，在模拟淋滤装置中装入土样，注意控制所装土样的压实密度，过密将延长实验时间，过松将影响净化效果，装柱完毕后测量土样厚度。

（2）取适量垃圾渗滤液，稀释到 COD 浓度约为 2000mg/L 备用。将稀释后的渗滤液注入模拟淋滤装置上部，保持渗滤液水头约 10cm 左右，同时记录时间。渗滤液从柱底部渗出后，立即记录时间，并进行 pH

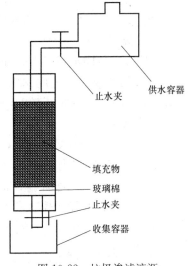

图 10-22　垃圾渗滤液沥浸模拟实验装置

值、COD 的监测。以后每隔一定时间对渗出液浓度进行同步监测，前期监测时间间隔可稍短（10~20min 左右），以后时间间隔可适当延长（30~60min 左右）。参考表 10-6 记录

渗滤液渗出水质检测结果。

渗滤液渗出水质检测记录表

表 10-6

取样时间 (min)	渗透水量 (mL)	渗透速率 (mL/min)	pH 值	COD (mg/L)	色度	NH_3-N (mg/L)
0						
10						
30						
60						
120						
180						

（3）绘制渗滤液 COD 随时间的变化曲线以及土柱对渗滤液 COD 的净化效率曲线。

（4）COD 的测定《水质 化学需氧量的测定 重铬酸盐法》（HJ 828—2017，COD_{Cr} 浓度≤50mg/L）：

COD_{Cr} 浓度≤50mg/L 的样品测定：

1）取 10.0mL 样品于锥形瓶中，依次加入硫酸汞溶液、重铬酸钾标准溶液 5.00mL 和几颗防爆沸玻璃珠，摇匀。硫酸汞溶液按质量比 $m(HgSO_4) : m(Cl^-) \geqslant 20 : 1$ 的比例加入，最大加入量为 2mL。

2）将锥形瓶连接到回流装置冷凝管下端，从冷凝管上端缓慢加入 15mL 硫酸银-硫酸溶液，以防止低沸点有机物的逸出，不断旋动锥形瓶使之混合均匀。自溶液开始沸腾起保持微沸回流 2h。若为水冷装置，应在加入硫酸银-硫酸溶液之前，通入冷凝水。

3）回流冷却后，自冷凝管上端加入 45mL 水冲洗冷凝管，使溶液体积在 70mL 左右，取下锥形瓶。

4）溶液冷却至室温后，加入 3 滴试亚铁灵指示剂，用硫酸亚铁铵标准溶液滴定，溶液的颜色由黄色经蓝绿色变为红褐色即为终点。记下硫酸亚铁铵标准溶液的消耗体积 V_1。

注：样品浓度低时，取样体积可适当增加。

5）按以上相同步骤以 10.0mL 试剂水代替样品进行空白实验，记录下空白样滴定时消耗硫酸亚铁铵标准溶液的体积 V_0。

注：空白实验中硫酸银-硫酸溶液和硫酸汞溶液的用量应与样品中的用量保持一致。

6）结果计算

$$COD_{Cr}(O_2 , mg/L) = (V_0 - V_1) \times C \times 8 \times 1000 / V \qquad (10-23)$$

式中 C——硫酸亚铁铵标准溶液的浓度，mol/L；

V_0——滴定空白样时硫酸亚铁铵标准溶液的用量，mL；

V_1——滴定水样时硫酸亚铁铵标准溶液的用量，mL；

V——样品的体积，mL；

8——$\frac{1}{4} O_2$ 的摩尔质量以 mg/L 为单位的换算值。

（5）用 pH 计测定实验垃圾渗滤液的 pH 值。

（6）用稀释倍数法测定实验垃圾渗滤液的色度。

1）原理

将污水用光学纯水稀释至用目视比较与光学纯水相比刚好看不见颜色为止，此时稀释的倍数即为该样品的色度，单位：倍。

同时目视观察样品，用文字描述颜色性质：颜色的深浅（无色、浅色或深色），色调（红、橙、黄、绿、蓝和紫等），透明度（透明、浑浊或不透明）。以稀释倍数值和文字描述相结合来表示色度。

2）试剂

光学纯水：将 $0.2\mu m$ 滤膜在 100mL 蒸馏水或去离子水中浸泡 1h 后，用它过滤蒸馏水或去离子水，弃去最初的 250mL，这以后的过滤出水作为稀释水。

3）仪器

50mL 具塞比色管，规格一致，光学透明，玻璃底部无阴影。

4）样品

将样品倒入 250mL（或更大）的量筒中，静置 15min，倾取上层液体作为实验样品。

5）分析步骤

将实验样品置于 50mL 具塞比色管中，至 50mL 刻度线，以白色瓷板为背景，观测并描述其颜色种类。

另取光学纯水于具塞比色管中，并至 50mL 刻度线，在比色管底部衬一白色瓷砖，垂直向下观察液柱，比较实验样品和光学纯水，描述实验样品呈现的色调和透明度。

将实验样品用光学纯水以 2 的倍数逐级稀释成不同倍数，摇匀，将具塞比色管放在白色瓷砖上，与光学纯水进行比较，将实验样品稀释至刚好与光学纯水无法区别为止，记下此时的稀释次数。

6）分析结果的表示

色度（倍）用下式计算得到：

$$色度 = 2^n \tag{10-24}$$

式中　n——用光学纯水以 2 的倍数稀释实验样品至刚好与光学纯水相比无法区别为止时的稀释次数。

注：另外还需用文字来描述实验样品的颜色深浅、色调、透明度和 pH 值。

（7）用纳氏试剂分光光度法测定实验垃圾渗滤液的氨氮（参考《水质氨氮的测定纳氏试剂分光光度法》HJ 535—2009）。

1）原理

碘化汞和碘化钾的碱性溶液与氨反应生成淡黄棕色胶态化合物，其色度与氨氮含量成正比，通常可在波长 410～425nm 范围内测其吸光度，计算其含量。本法最低检出浓度为 0.025mg/L（光度法），测定上限为 2mg/L。

2）仪器

500mL 全玻璃蒸馏器、50mL 具塞比色管、分光光度计、pH 计。

3）试剂

配制试剂用水均应为无氨水。

① 无氨水：可用一般纯水通过强酸性阳离子交换树脂或加硫酸和高锰酸钾后，重蒸馏得到。

② 1mol/L 氢氧化钠溶液。

③ 吸收液：Ⅰ 硼酸溶液：称取 20g 硼酸溶于水中，稀释至 1L；Ⅱ 0.01mol/L 硫酸

溶液。

④ 纳氏试剂：称取 16g 氢氧化钠，溶于 50mL 水中，充分冷却至室温。

⑤ 另称取 7g 碘化钾和碘化汞（HgI_2）溶于水，然后将此溶液在搅拌下徐徐注入氢氧化钠溶液中。用水稀释至 100mL，贮存于聚乙烯瓶中，密塞保存。

⑥ 酒石酸钾钠溶液：称取 50g 酒石酸钾钠（$KNaC_4H_4O_6 \cdot 4H_2O$）溶于 100mL 水中，加热煮沸以除去氨，放冷，定容至 100mL。

⑦ 铵标准贮备液：称取 3.819g 经 100℃ 干燥过的氯化铵（NH_4Cl）溶于水中，移入 1000mL 容量瓶中，稀释至标线。此溶液每毫升含 1.00mg 氨氮。

⑧ 铵标准使用液：移取 5.00mL 铵标准贮备液于 500mL 容量瓶中，用水稀释至标线。此溶液每毫升含 0.010mg 氨氮。

4）测定步骤

① 水样预处理：无色澄清的水样可直接测定；色度、浑浊度较高和含干扰物质较多的水样，需经过蒸馏或混凝沉淀等预处理步骤。

② 标准曲线的绘制：吸取 0mL、0.50mL、1.00mL、3.00mL、5.00mL、7.00mL 和 10.0mL 铵标准使用液于 50mL 比色管中，加水至标线，加 1.0mL 酒石酸钾钠溶液，混匀；加 1.5mL 纳氏试剂，混匀；放置 10min 后，在波长 420nm 处，用光程 10mm 比色皿，以水为参比，测定吸光度。

由测得的吸光度减去零浓度空白管的吸光度后，得到校正吸光度，绘制以氨氮含量（mg）对校正吸光度的标准曲线。

③ 水样的测定：分取适量的水样（使氨氮含量不超过 0.1mg），加入 50mL 比色管中，稀释至标线，加 1.0mL 酒石酸钾钠溶液（经蒸馏预处理过的水样，水样及标准管中均不加此试剂），混匀；加 1.5mL 纳氏试剂，混匀；放置 10min。

④ 空白实验：以无氨水代替水样，做全程序空白测定。

5）计算

由水样测得的吸光度减去空白实验的吸光度后，从标准曲线上查得氨氮含量（mg）。

$$氨氮（N, mg/L）= m \times 1000 / V \tag{10-25}$$

式中　m——由标准曲线查得样品的氨氮含量，mg；

　　　V——水样体积，mL。

6）注意事项

① 纳氏试剂中碘化汞与碘化钾的比例，对显色反应的灵敏度有较大影响。静置后生成的沉淀应除去。

② 滤纸中常含痕量铵盐，使用时注意用无氨水洗涤。所用玻璃器皿应避免实验室空气中氨的沾污。

6. 思考题

（1）若实验土料变为施工防渗的黏土，实验结果会有哪些差异？

（2）改变渗滤液水头，对渗滤液水质有哪些影响？

10.3.3　总固体测定分析实验

固体分为总固体、溶解性固体和悬浮固体。总固体是水或污水在一定温度下蒸发，烘干后剩留在器皿中的物质，包括"溶解性固体"（即通过过滤器的全部残渣，也称可滤残渣）和"悬浮固体"（即截留在过滤器上的全部残渣，也称不可滤残渣）。

1. 实验目的

（1）了解总固体的含义；

（2）掌握测定分析总固体的原理和操作。

2. 实验原理

将混合均匀的水样，放在称至恒重的蒸发皿内，于蒸汽浴或水浴上蒸干，然后在103～105℃烘箱内烘至恒重，所增加的质量为总固体的含量。

3. 实验仪器与设备

（1）直径 90mm 瓷蒸发皿（或 150mL 硬质烧杯或玻璃蒸发皿）；

（2）烘箱；

（3）蒸汽浴或水浴；

（4）分析天平；

（5）干燥器。

4. 实验步骤

（1）将蒸发皿（或硬质烧杯）在 103～105℃烘箱内烘干 30min，置于干燥器中冷却到室温后称量。反复烘干、冷却、称量，直至恒重（两次称量相差不超过 0.0005g）。

（2）取适量混合均匀的水样（如 25mL），使总固体质量大于 25mg，置于上述蒸发皿（或硬质烧杯）中，于蒸汽浴或水浴上蒸干（水浴面不可接触皿底）。移入 103～105℃烘箱内烘 1h，置于干燥器中冷却到室温后称量。反复烘干、冷却、称量，直至恒重（两次称量相差不超过 0.0005g）。

5. 计算

总固体的浓度可按公式（10-26）计算。

$$\rho = (A-B) \times 10^6 / V \qquad (10\text{-}26)$$

式中　ρ——水中总固体的浓度，mg/L；

　　　A——总固体质量与蒸发皿质量之和，g；

　　　B——蒸发皿质量，g；

　　　V——水样体积，mL。

6. 思考题

简述总固体的定义。

10.3.4　溶解性固体测定分析实验

1. 实验目的

（1）了解溶解性固体的含义；

（2）掌握测定分析溶解性固体的原理和操作。

2. 实验原理

将用滤膜（孔径为 0.45μm）过滤后的水样放在称至恒重的蒸发皿内蒸干，然后在103～105℃烘箱内烘至恒重，增加的质量为溶解性固体的含量。

3. 实验仪器与设备

（1）全玻璃或有机玻璃微孔滤膜过滤器；

（2）滤膜，孔径 0.45μm、直径 60mm；

（3）吸滤瓶、真空泵；

（4）无齿扁嘴镊子；

（5）蒸发皿；

（6）烘箱；

（7）蒸汽浴或水浴；

（8）分析天平；

（9）干燥器。

4. 实验步骤

（1）将蒸发皿在 103～105℃烘箱内烘干 30min，置于干燥器中冷却到室温后称量。反复烘干、冷却、称量，直至恒重（两次称量相差不超过 0.0005g）。

（2）量取充分混匀的水样抽吸过滤，使水分全部通过滤膜。

（3）停止吸滤后，分取适量过滤后的水样，放在已恒重的蒸发皿里，移入 103～105℃烘箱中烘干 1h 后，移入干燥器中冷却到室温后，称其质量。反复烘干、冷却、称量，直至两次称量的质量差不大于 0.0005g。

5. 计算

溶解性固体的浓度可按公式（10-27）计算。

$$\rho_d = (A_d - B) \times 10^6 / V \tag{10-27}$$

式中　ρ_d——水中溶解性固体的浓度，mg/L；

　　A_d——溶解性固体质量与蒸发皿质量之和，g；

　　B——蒸发皿质量，g；

　　V——水样体积，mL。

6. 实验注意事项

采用不同滤料所测得的结果会存在差异。必要时应在分析结果报告上加以注明。

7. 思考题

简述溶解性固体的定义。

10.3.5　悬浮固体测定分析实验

1. 实验目的

（1）了解悬浮固体的含义；

（2）掌握用重量法测定分析悬浮固体的原理和方法。

2. 实验方法

参见《水质　悬浮物的测定　重量法》GB 11901—1989。

3. 实验原理

将混合均匀的水样中不能通过孔径为 0.45μm 滤膜的固体物，在 103～105℃烘箱内烘至恒重，所增加的质量为悬浮固体的含量。

4. 实验仪器与设备

（1）称量瓶：内径 30～50mm；

（2）全玻璃或有机玻璃微孔滤膜过滤器；

（3）滤膜（孔径 0.45μm，直径 60mm）；

（4）吸滤瓶、真空泵；

（5）无齿扁嘴镊子；

（6）烘箱；

（7）分析天平；

（8）干燥器。

5. 水样的采集和贮存

（1）采样：用洗涤剂将采样所用聚乙烯瓶或硬质玻璃瓶洗净，再依次用自来水和蒸馏水冲洗干净。采样前，再用即将采集的水样清洗三次。然后，采集具有代表性的水样500～1000mL，盖严瓶塞。

（2）贮存：采集的水样应尽快分析测定。如需放置，应贮存在 4℃冷藏箱中，但最长时间不得超过 7d。

6. 实验步骤

（1）滤膜准备

1）用无齿扁嘴镊子夹取滤膜，放在已恒重的称量瓶里，移入 103～105℃烘箱内烘干30min 后取出，置于干燥器内冷却至室温，称其质量。反复烘干、冷却、称量，直至两次称量的质量差不大于 0.0002g。

2）将已恒重的滤膜放在滤膜过滤器的滤膜托盘上，加盖配套的漏斗，并用夹子固定好。以蒸馏水湿润滤膜，并不断吸滤。

（2）测定

1）去除漂浮物后振荡水样，量取适量混合均匀的水样，抽吸过滤，使水分全部通过滤膜；

2）每次用 10mL 蒸馏水连续洗涤三次，继续吸滤以除去痕量水分；

3）停止吸滤后，小心仔细取出载有悬浮物的滤膜放在原恒重的称量瓶里，移入烘箱中于 103～105℃下烘干 1h，移入干燥器中冷却到室温，称其质量。反复烘干、冷却、称量，直至两次称量的质量差不大于 0.0004g。

7. 计算

悬浮固体的浓度可按公式（10-28）计算。

$$C_{SS} = (A_{SS} - B) \times 10^6 / V \tag{10-28}$$

式中　C_{SS}——水中悬浮固体的浓度，mg/L；

A_{SS}——悬浮固体质量、滤膜质量与称量瓶质量之和，g；

B——滤膜质量与称量瓶质量之和，g；

V——水样体积，mL。

8. 实验注意事项

（1）漂浮或浸没的不均匀固体物质不属于悬浮物质，应从水样中除去。

（2）贮存水样时不能加入任何保护剂，以防破坏物质在固、液间的分配平衡。

（3）滤膜上截留过多的悬浮物可能夹带过多的水分，除延长干燥时间外，还可能造成过滤困难，遇此情况，可酌情少取水样。滤膜上悬浮物过少，则会增大称量误差，影响测定精度，必要时，可增大试样体积。一般以 5～100mg 悬浮物量作为量取水样体积的适用范围。

9. 思考题

（1）简述悬浮固体的定义。

（2）简述总固体、溶解性固体和悬浮固体之间的联系。

第11章 特种固体废物无害化与资源化实训

特种固体废物是指那些含有丰富的有机质，且易腐烂，用常规的处理处置方法容易造成资源浪费和二次污染的固体废物，特指城市污泥、餐厨垃圾、粪便等。有研究表明，将特种固体废物混合在一起进行处理处置，可以提高无害化和资源化的效率。

学习目标

本章学习完后，您将能够：

（1）了解城市污泥的特性、分类与资源化的途径和方法；

（2）掌握城市污泥处理与处置的技术方法；

（3）掌握餐厨垃圾的概念；

（4）了解餐厨垃圾无害化与资源化利用工艺；

（5）对学校所在地区餐厨垃圾无害化与资源化的状况进行分析并提出改进建议。

学习内容

11.1 城市污泥实训

11.2 餐厨垃圾无害化与资源化实训

学习时间

6学时。

学习方式

11.1节实训活动设计了1个社会调研活动和2个实验，学校可根据学时要求选择其中的实训活动组织教学。

11.2节实训为参观餐厨垃圾处理公司，编写参观调研报告和科研讲座（在做科研讲座前自学本节内容1个学时），根据学校实验条件和学时要求选择其中的实验进行。

需要的材料

通过图书馆数据库获取相关信息，如清华同方（CNKI）数据库、超星电子图书、万方数据库、维普期刊，英文数据库如WILEY等，或通过阅读电子期刊、阅读相关资料、实训调研等途径获取相关信息，撰写自学成果报告，为课中的交流做好准备。

餐厨垃圾处理相关法律和政策：《中华人民共和国环境保护法》、《城市生活垃圾处理及污染防治技术政策》、《中华人民共和国固体废物污染环境防治法》、《中华人民共和国可再生能源法》、《关于实行城市生活垃圾处理收费制度促进垃圾处理产业化的通知》、《关于推进城市污水、垃圾处理产业化发展的意见》、《关于进一步支持可再生能源发展有关问题的通知》、《关于加强饮食娱乐服务企业环境管理的通知》等一系列国家法律和规章。

11.1 城市污泥实训

某地污水处理厂污泥处理照片见图11-1。

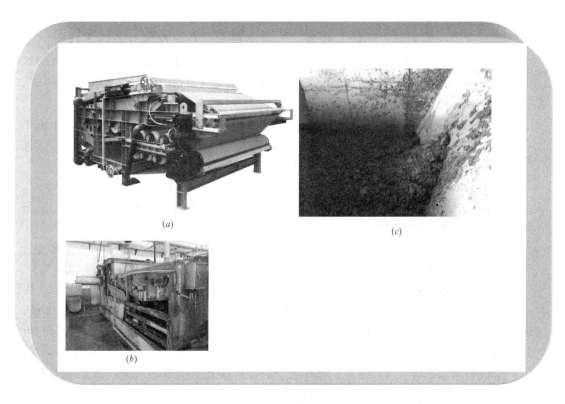

图 11-1　某地污水处理厂污泥处理照片
（a）带式压滤机的构造（前侧）；（b）带式压滤机的构造（出泥）；（c）脱水后的干泥

城市污泥中含有丰富的有机质和 N、P、K 等养分，施用适量污泥后，土壤中有机质的含量明显增加，有效改善了土壤结构、水力学性质及化学性质，由此带来的密度减小，孔隙度、团聚体稳定度以及持水量和导水性的增加，对农业生产起到了积极的作用。通过本章的学习，您将了解城市污泥的物理、化学、生物特性以及分类与资源化的途径和方法，掌握城市污泥处理与处置的技术方法，强化对专业理论知识的认识和理解，求真务实的科学态度、严谨细致的作风得到培养，分析问题和解决问题的能力得到锻炼。

11.1.1　城市污泥的特性、分类与资源化

1. 污泥的特性

污泥是城市污水处理厂在各级污水处理净化后所产生的含水率为 $75\%\sim99\%$ 的固体或流体状物质。污泥的固体成分主要包括有机残片、细菌菌体、无机颗粒、胶体及絮凝所用药剂等。污泥是一种以有机成分为主、组分复杂的混合物，其中包含有潜在利用价值的有机质、氮（N）、磷（P）、钾（K）和各种微量元素，同时也含有大量的病原体、寄生虫（卵）、重金属和多种有毒有害有机污染物，如果不能妥善安全地对其进行处理处置，将会给生态环境带来巨大的危害。

（1）物理特性

污泥是一种含水率高（初沉污泥含水率通常为 $97\%\sim98\%$，活性污泥含水率通常为

$99.2\%\sim99.8\%$，活性污泥经浓缩后含水率通常为 $94\%\sim96\%$，污泥经机械脱水后含水率通常为 80% 左右），呈黑色或黑褐色的流体状物质。污泥由水中的悬浮固体经不同方式胶结凝聚而成，结构松散、形状不规则、比表面积与孔隙率极高（孔隙率通常大于99%）。其特点是含水率高、脱水性差、易腐败、产生恶臭、相对密度较小、颗粒较细，从外观上看具有类似绒毛的分支与网状结构。污泥脱水后为黑色泥饼，自然风干后呈颗粒状，硬度大且不易粉碎。

污泥的主要物相组成是有机质和硅酸盐黏土矿物。当有机质含量大于硅酸盐黏土矿物含量时，称之为有机污泥；当硅酸盐黏土矿物含量大于有机质含量时，称之为土质污泥；当两者含量大致相当时，称之为有机土质污泥。

1) 水分分布特性

根据污泥中水分与污泥颗粒的物理绑定位置，可以将其分为四种形态：间隙水、毛细结合水、表面吸附水和内部结合水。

① 间隙水，又称为自由水，没有与污泥颗粒直接绑定。一般要占污泥中总含水量的 $65\%\sim85\%$，这部分水是污泥浓缩的主要对象，可以通过重力或机械力分离。

② 毛细结合水，在污泥颗粒间形成一些小的毛细管，通过毛细力绑定在污泥絮状体中。浓缩作用不能将毛细结合水分离，分离毛细结合水需要有较高的机械作用力和能量，如真空过滤、压力过滤、离心分离和挤压可去除这部分水分。各类毛细结合水约占污泥中总含水量的 $15\%\sim25\%$。

③ 表面吸附水，覆盖污泥颗粒的整个表面，通过表面张力作用吸附。表面吸附水一般只占污泥中总含水量的 7% 左右，可用加热法脱除。

④ 内部结合水，指包含在污泥中微生物细胞体内的水分，含量多少与污泥中微生物细胞体所占的比例有关。去除这部分水分必须破坏细胞膜，使细胞液渗出，由内部结合水变为外部液体。内部结合水一般只占污泥中总含水量的 3% 左右。内部结合水只能通过高温加热处理等过程去除。

污泥中水分与污泥颗粒结合的强度由大到小的顺序大致为：内部结合水＞表面吸附水＞毛细结合水＞间隙水，此顺序也对应了污泥脱水的难易顺序。

2) 沉降特性

污泥沉降特性可用污泥容积指数（Sludge Volume Index，SVI）来评价，其值等于在 30min 内 1000mL 水样中所沉淀的污泥容积与混合液浓度之比，具体计算公式如公式（11-1）所示。

$$SVI=V/C_{ss} \tag{11-1}$$

式中　V——30min 沉降后污泥的体积，mL；

C_{ss}——污泥混合液的浓度，g/L。

SVI 值能反映出活性污泥的凝聚、沉淀性能，过低说明泥粒细小，无机物含量高，污泥缺乏活性；过高则说明污泥沉降性能不好，并具有产生膨胀现象的可能。

3) 流变特性和黏性

评价污泥的流变特性具有很好的现实意义，它可以预测运输、处理和处置过程中污泥的特性变化，可以通过该特性选择最恰当的运输装置及流程。黏性测量的目的是确定污泥切应力与剪切速率之间的关系，污泥黏性受温度、粒径分布、固体含量等多种因素影响。

（2）化学特性

生物污泥以微生物为主体，同时包括混入生活污水的泥沙、纤维、动植物残体等固体颗粒，以及可能吸附的有机物、重金属和病原体等物质。污泥的化学特性是考虑如何对其进行资源化利用的重要因素。其中，pH 值、碱度和有机酸是污泥厌氧消化的重要参数；重金属、有机污染物是污泥农用、填埋、焚烧的重要参数；热值是污泥气化、热解、湿式氧化的重要参数。表 11-1 是生污泥和熟污泥的典型化学组分及含量。

生污泥和熟污泥的典型化学组分及含量 表 11-1

污泥组分	生污泥变化范围	典型值	熟污泥变化范围	典型值
总干固体（%）	2.0～8.0	5.0	6.0～12.0	10.0
挥发性固体（占总固体质量分数）（%）	60～80	65	30～60	40
乙醚可溶物（mg/kg）	6～30	—	5～20	18
乙醚抽出物（mg/kg）	7～35	—	—	—
蛋白质（占总干固体质量分数）（%）	20～30	25	15～20	18
氮（N，占总干固体质量分数）（%）	1.5～4.0	2.5	1.6～6.0	3.0
磷（P_2O_5，占总干固体质量分数）（%）	0.8～2.8	1.6	1.5～4.0	2.5
钾（K_2O，占总干固体质量分数）（%）	0～1.0	0.4	0～3.0	1.0
纤维素（占总干固体质量分数）（%）	8.0～15.0	10.0	8.0～15.0	10.0
铁（非硫化物）（%）	2.0～4.0	2.5	3.0～8.0	4.0
硅（SiO_2，占总干固体质量分数）（%）	15.0～20.0	—	10.0～20.0	—
碱度（mg/L）	500～1500	600	2500～3500	—
有机酸（mg/L）	200～2000	500	100～600	200
热值（kJ/kg）	1000～12500	11000	4000～6000	5000
pH 值	5.0～8.0	6.0	6.5～7.5	7.0

1）丰富的植物营养成分

污泥中含有植物生长发育所需的氮、磷、钾以及维持植物正常生长发育所需的多种微量元素（钙、镁、铜、锌、铁等）和能改良土壤结构的有机质（一般质量分数为 60%～70%），因此能够改良土壤结构，增加土壤肥力，促进作物的生长。我国 16 个城市中 29 个污水处理厂污泥中有机质及养分含量的统计数据表明，我国城市污泥的有机质含量最高达 696g/kg，平均值为 384g/kg；总氮、总磷、总钾的平均含量分别为 27g/kg、14.3g/kg 和 7g/kg。经过稳定化及消毒后的污泥不但可以农用，而且可以用于复垦土地，这取决于当地相关的环保法规。

2）多种重金属

城市污水处理厂污泥中的重金属来源广、种类多、形态复杂，并且许多是环境毒性比较大的元素，如铜、铅、锌、镍、铬、汞、镉等，具有易迁移、易富集、危害大等特点，是限制污泥农业利用的主要因素。

污泥中的重金属主要来自污水，当污水进入污水处理厂时，里面含有各种形态的重金属，经过物理、化学、生物等污水处理工艺，大部分重金属会从污水中分离出来，进入污泥。重金属进入污泥是一个复杂的过程。如污水经过格栅、沉砂池时，重金属伴随大颗粒的无机盐、矿物颗粒等通过物理沉淀的方式进入污泥；在化学处理工艺中，大部分以离子、溶液、配合物、胶体等形式存在的重金属元素通过化合物沉淀、化学絮凝、吸附等方式进入污泥；在生物处理阶段，部分重金属可以通过活性污泥中微生物的富集和吸附作用，与剩余活性污泥、生物滤池脱落的生物膜等一起进入污泥。一般，生活污水产生的污泥中重金属含量较低，工业废水产生的污泥中重金属含量较高。

3）大量的有机物

城市污泥中的有机有害成分主要包括聚氯二苯基（PCBs）和聚氯二苯氧化物/氧芴（PC—DD/PCDF）、多环芳烃和有机氯杀虫剂等。大量有机颗粒物吸附富集在污泥中，导致许多污泥中有机污染物含量比当地土壤背景值高数倍、数十倍甚至上千倍。

（3）生物特性

1）生物稳定性

污泥的生物稳定性评价主要有两个指标：降解度和剩余生物活性。

① 降解度。污泥降解度可以描述其生物可降解性。一般来说，厌氧消解污泥的降解度为 $40\%\sim45\%$，好氧消解污泥的降解度为 $25\%\sim30\%$。降解度（P，%）可通过公式（11-2）计算得到。

$$P=(1-C_{vssl}/C_{vss0})\times100 \tag{11-2}$$

式中 C_{vss0}——消解前污泥中挥发性固体悬浮物的浓度，mg/L；

C_{vssl}——消解后污泥中挥发性固体悬浮物的浓度，mg/L。

② 剩余生物活性。污泥的剩余生物活性是通过厌氧消解稳定后，生物气体的再次产生量来测定的。当污泥基本达到完全稳定化后，其生物气体的再次产生量可以忽略不计。

2）致病性

污泥中主要的病原体有细菌类、病毒和蠕虫卵，大部分由于被颗粒物吸附而富集到污泥中。在污泥的应用中，病原菌可通过各种途径传播，污染土壤、空气、水源，并通过皮肤接触、呼吸和食物链危及人畜健康，也能在一定程度上加速植物病害的传播。

2. 污泥的分类

污水处理厂产生的污泥，可以分为以有机物为主的污泥和以无机物为主的沉渣。依据污泥的不同产生阶段可分为生污泥、消化污泥、浓缩污泥、脱水干化污泥和干燥污泥；按污泥处理工艺可以分为初沉污泥、剩余污泥、消化污泥和化学污泥。本书按照污泥处理工艺的分类具体介绍如下。

（1）初沉污泥

指一级处理过程中产生的污泥，即在初沉池中沉淀下来的污泥。含水率一般为96%～98%。初沉污泥量可以通过经验公式（11-3）计算得到。

$$W_{ps}=Q_i\times E_{ss}\times C_{ss}\times10^{-5} \tag{11-3}$$

式中 W_{ps}——初沉污泥量，按干污泥计，kg/d；

Q_i——初沉池进水量，m^3/d；

E_{ss}——SS 的去除率 %；

C_{ss}——SS 的浓度，mg/L。

（2）剩余污泥

指在生化处理工艺等二级处理过程中排放的污泥，含水率一般为 99.2% 以上。Koch等人提出的剩余污泥量计算公式如下：

$$W_{was}=W_i+\alpha W_{vss}+bBOD_{sol} \tag{11-4}$$

式中 W_{was}——剩余污泥量，按干污泥计，kg/d；

W_i——惰性物质，即污泥中固定态悬浮物的量，kg/d；

W_{vss}——挥发态悬浮物的量，kg/d；

BOD_{sol}——溶解性 BOD 的量，kg/d；

a、b——经验常数，a 取 0.6～0.8，b 取 0.3～0.5。

（3）消化污泥

指初沉污泥或剩余污泥经消化处理后达到稳定化、无害化的污泥，其中的有机物大部分被消化分解，因而不易腐败，同时，污泥中的寄生虫卵和病原微生物被杀灭。

（4）化学污泥

指絮凝沉淀和化学深度处理过程中产生的污泥，如石灰法除磷、酸碱废水中和以及电解法等产生的沉淀物。

表 11-2 所示为不同种类污泥的营养物质含量范围。

不同种类污泥的营养物质含量范围（%）　　　　　　　　　　表 11-2

污泥类型	总氮	磷（P_2O_5）	钾（K）	腐殖质
初沉污泥	2.0～3.4	1.0～3.0	0.1～0.3	33
生物滤池污泥	2.8～3.1	1.0～2.0	0.11～0.8	47
活性污泥	3.5～7.2	3.3～5.0	0.2～0.4	41

3. 污泥的资源化利用途径

污泥处理的投资和运行费用巨大，可占整个污水处理厂投资及运行费用的 50% 以上。因此，寻求经济有效的污泥处理利用技术具有重要的现实意义。焚烧、填埋及资源化利用是普遍采用的污泥处理处置方法。但是，焚烧的处理费用高，且浪费了污泥中的氮、磷及植物生长所需要的多种元素，另外，焚烧过程中产生的烟气和飞灰需要进一步处理；污泥填埋则占用大量土地。

污泥资源化是指，根据不同使用场合，通过各种物理、化学和生物工艺，提取污泥中的有价组分，将其重组或转化成其他能量形式，获得再利用价值，并消除二次污染。确切来讲，污泥资源化的技术内涵应包括以下几方面：①有用组分或潜在能量再利用；②消除二次污染；③所得产品获得市场认可。

污泥是一种典型的生物质能源，类似于煤。污泥的能源化利用主要包括焚烧、热解油化、合成固体燃料、气化和湿式氧化技术。污泥的综合利用，主要有脱水污泥或污泥焚烧灰制砖、制陶粒、制水泥、制人工轻质填料、制混凝土填料、制活性炭、制生化纤维板等。

11.1.2　实训活动：调研及实验

1. 调研所在地生活污水处理厂污泥处理情况

要求：

（1）撰写调查提纲；

（2）撰写调查报告。

具体做法可参考本书第 2 章 2.2 "实训活动：社会调查"。

2. 固体废物特性分离实验——城市污泥特性分析

（1）实验目的与意义

本实验为设计研究性实验。学生通过自主设计分析城市污泥的流程方法，测定城市污泥的主要物质组成及物理化学性质，并通过结果分析城市污泥的特征，探讨城市污泥的资源化途径。

通过本实验的训练，使学生了解固体废物资源化的技术原理和特点，掌握固体废物资源化途径的选择方法。

（2）实验原理

固体废物资源化的实质是依据固体废物中的有关组分特征，设计利用这些组分制作新的可供利用的工业产品，达到物质循环利用的目的。

首先要分析了解所要研究的固体废物的组分特征，然后根据组分特征，通过查询相关资料，分析其可能的利用途径、技术方法，制定实验研究方案。通过实验验证方案的可行性并找出工艺参数。

固体废物资源化的原则：尽可能多地利用固体废物中所有的组分，同时容易形成工业化生产，不产生二次污染。

（3）实验设备、材料及试剂

1）实验设备

① 台秤、分析天平各 1 台；

② 烘箱 1 台；

③ 量筒 100mL、500mL、1000mL 各 1 个；

④ 玻璃烧杯 100mL、500mL、1000mL 各 3 个；

⑤ 坩埚 100mL、500mL 各 4 个；

⑥ 紫外分光光度计 1 台；

⑦ 高温马弗炉（1300℃以上）1 台；

⑧ 容量瓶若干；

⑨ 移液管、滴定管若干；

⑩ 电动搅拌器（或磁力搅拌器）1 台；

⑪ 原子吸收仪；

⑫ 漏斗、滤纸；

⑬ 可控温电炉；

⑭ 密度瓶 100mL、500mL 各 4 个；

⑮ 标准筛 0.5mm、0.2mm、200 目各 1 个；

⑯ 压力锅；

⑰ 单筒显微镜。

2）实验材料

① 城市污泥 2000kg；

② 硝酸钾标准溶液；

③ 磷标准溶液；

④ 铬标准溶液；

⑤ 氢氧化钠；

⑥ 硫酸；

⑦ 磷酸二氢钾硼砂标准物质。

（4）实验内容及步骤

1）文献、资料查询

通过文献、资料查询确定分析方法及程序，实验报告中的参考文献不得少于4篇。

2）实验材料的准备

根据资料查询的方法，准备实验材料。

3）实验内容

① 城市污泥的含水率；

② 城市污泥的水溶性；

③ 城市污泥浸出液的pH值、主要污染物——重金属的测定；

④ 有机物及无机物的含量；

⑤ 有机物、无机物的主要存在形式；

⑥ 密度的测定。

4）实验数据整理

将实验所取得的数据列表或以曲线图表示。

（5）讨论

1）实验采用方法的可靠性；

2）污泥可溶性对环境的影响；

3）污泥的组成特征与资源化利用的关系。

（6）实验报告

要求以小论文的形式提交，包括以下几部分：

1）摘要；

2）关键词；

3）前言；

4）实验原材料与仪器设备；

5）实验方法；

6）实验结果；

7）讨论；

8）结论；

9）参考文献（不少于4篇）。

3. 污泥脱水性能的测定

（1）实验原理

污水处理过程中，会产生大量的污泥。污泥脱水是污泥减量化中最经济的一种方法，是污泥处理工艺中的一个重要环节，其目的是去除污泥中的水，降低污泥的含水率，为污泥的处理处置创造条件。

污泥脱水效果由其脱水速率和最终脱水程度两方面决定，主要考察脱水后泥饼的含固率这一指标，含固体率越高，脱水效果越好。影响污泥脱水性能的因素有很多，包括污泥水分存在方式和污泥的絮体结构（粒径、密度和分形尺寸等）、电势能、pH值以及污泥来源等。污泥粒径是衡量污泥脱水效果最重要的因素。一般来讲，细小污泥颗粒所占比例越大，脱水性能就越差。分形尺寸越大，絮体结构变得紧凑，相应絮体分形维数增加，也就越容易脱水。污泥的电势能越高，对脱水越不利。酸性条件下，污泥的表面性质会发生变化，其脱水性能也随之发生变化。研究发现，pH 值越低，离心脱水的效率越高。不同来源的污泥，组成成分不同，脱水性能也不同，活性污泥比阻大，脱水也困难。通过添加改性剂在降低污泥含水率的同时，可提高污泥的脱水性能，便于后续处理。

（2）实验所需药品及配制方法

1）10％（质量分数）H_2SO_4（实验室用浓硫酸质量分数为 98％，密度为 1.84g/mL）：取 102g 浓硫酸用去离子水缓慢稀释到 1000mL。

2）30％NaOH（质量分数）：称取 12gNaOH 溶于去离子水后，定容稀释到 1000mL。

3）0.5％阳离子型 PAM：称取 0.5gPAM 定容稀释到 100mL。

（3）实验仪器设备

离心机、恒温干燥箱、玻璃棒、烧杯、离心管、称量瓶。

（4）实验步骤

1）采用机械脱水法测定污泥的脱水性能。将 100mL 浓缩污泥加到 250mL 烧杯中，加 2mL10％H_2SO_4 酸化，快速搅拌 30s，慢速搅拌 5min，再加 0.5％阳离子型 PAM，搅拌使污泥形成矾花，酸化及絮凝反应均在烧杯中进行。

2）将预处理好的污泥分成 2 份，分别转入 100mL 离心管中，在 4000r/min 和 2000r/min 下离心 10min，小心倾倒去除上清液（避免使固体再悬浮），取泥饼（2±0.1）g（准确记录质量），放入预先干燥至恒重的称量瓶中，放在 105℃的干燥箱中烘干至恒重（2 次称量误差小于 0.0005g），计算含固率。

（5）实验数据记录及分析

参考表 11-3 记录实验数据。

不同加药方案设计和脱水效果记录表　　　　　　　　　　　　　表 11-3

加药方案	4000r/min	2000r/min
空白		
加 0.5％阳离子型 PAM		
10％H_2SO_4＋0.5％阳离子型 PAM		

（6）实验注意事项

PAM 要缓慢加入，且边加边充分搅拌，方能形成矾花。

11.2 餐厨垃圾无害化与资源化实训

餐厨垃圾，是居民在生活消费过程中形成的生活废物，主要特点是有机物含量丰富、水分含量高、易腐烂，其性状和气味都会对环境卫生造成恶劣影响，且容易滋长病菌、微生物、霉菌毒素等有害物质。根据来源不同，餐厨垃圾主要分为餐饮垃圾和厨余垃圾。前者产生自饭店、食堂等餐饮业的残羹剩饭，具有产生量大、来源多、分布广的特点，后者主要指居民日常烹调中废弃的下脚料，数量不及餐饮垃圾庞大。

11.2.1 餐厨垃圾的无害化与资源化

1. 餐厨垃圾的组成

餐厨垃圾以有机组分为主，包括淀粉、纤维素、蛋白质、脂类和无机盐等，同时含有纸巾、木质、塑料、骨头、贝壳、石子、竹料、玻璃、金属等。并随地点、场所以及季节的变化而不同。我国厨余垃圾中食物残渣含量占 70％～75％，其中混入了大量橡塑、纺织物、砖瓦、玻璃等家庭日常生活来源的杂物，这些杂物含水率低，不能生物降解，从而导致厨余垃圾含固率较高，为 25％～30％。

2. 餐厨垃圾的无害化与资源化处理技术工艺原理及流程

（1）工艺原理

餐厨垃圾经过高温、高压蒸汽灭菌处理后，所有的微生物包括各种微生物的休眠体、寄生虫及其虫卵都被完全灭活，将不再滋生。再经固液分离以及压榨脱水脱脂等工序后，得到的大块固体物质可直接干燥粉碎，作为优质的饲用原料；液体经油水分离器处理后，将其中的油脂成分回收，通过调节沉淀等处理工序后将餐厨垃圾中的油脂成分转化成工业原料，废水经综合处理达到国家污水综合排放标准的三级标准后排放。

（2）工艺概述及流程

餐厨垃圾所采用的处理工艺一般包括六大部分，流程见图 11-2。

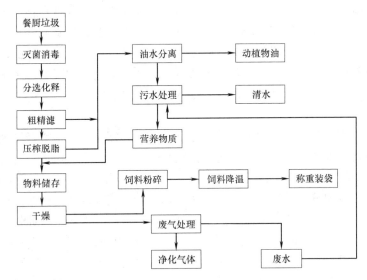

图 11-2　餐厨垃圾处理工艺流程图

1）灭菌消毒。在温度与压力分别为 130℃和 0.4MPa 的条件下，餐厨垃圾携带的各种病菌病毒将得到彻底有效的灭活，不再滋生。

2）压榨脱脂。该工序主要是使纤维类物质与油脂类物料得到分离，纤维类物质脱去油水，然后油脂类物料与水进入油水处理系统。

3）油水分离。此工序是将油水分离后，油脂进入油成品系统，水进入污水处理系统。

4）污水处理。通过过滤、沉淀等若干工序后，从水中回收部分干物质，返回饲料中，能利用的成分返回系统，污水经有效降解后达标排放。

5）干燥。此工序主要是脱去水分，使纤维类物质达到高蛋白饲料含水率的要求，然后装袋作为成品，对于干燥过程中排出的蒸汽气体进入废气处理系统。

6）废气处理。采用喷淋吸收的方式进行净化处理，在排气口上方设置吸风口，上方形成负压，不使臭气扩散，吸走的臭气采用喷淋法，并在水中加入适量的除臭剂，其净化

效率约为 $80\%\sim90\%$，使用的处理水再返回污水处理系统。

综上所述，经高温、高压蒸汽灭菌处理后，将餐厨垃圾中的物质直接烘干粉碎制成蛋白饲料制品，液体经过油水分离装置处理后，将其中的油脂提取出直接作为工业原料加以应用，废水通过生物降解法处理后达标排放，使其真正做到对餐厨垃圾的无害化与资源化处理，既消除了餐厨垃圾对环境构成的潜在危害，也消除了对居民身体健康构成的潜在危害，而且还可以使其作为一种有机质资源得到回收利用，同时，工艺过程中对产生的废水、废气和固体废物进行了有效的处理，杜绝了二次污染，成为真正意义上的环保型工艺。本工艺理论上成熟可靠，实践上可行有效，适应性强，经过科学的检验检测，处理后的产品完全可以达到目前市场上普遍被接受的饲料行业的标准。

3. 厨余垃圾的无害化处理技术

（1）粉碎直排

由于厨房空间有限，因此就地处理是厨余垃圾处理的基本立足点。目前一些发达国家普遍在厨房配置厨余垃圾处理装置，将粉碎后的厨余垃圾排入市政下水管网。如国外研制的厨余垃圾机械研磨装置即通过高速运转的刀片将装在内胆的各种食物垃圾切碎搅拌后冲入下水道，但这种处理方法容易产生污水和臭气，滋生病菌、蚊蝇并导致疾病的传播；油污凝结成块也会造成排水管堵塞，降低城市下水道的排水能力。另外，厨余垃圾的高油脂含量等特性更是增加了城市污水处理系统的负荷，从而大大增加了城市污水处理厂出水不达标的风险，同时还会不可避免地产生一定的二次污染。

（2）填埋

由于厨余垃圾中含有大量的可降解组分，稳定时间短，有利于垃圾填埋场地的恢复使用，且操作简便，因此应用得比较普遍。我国很多地区的厨余垃圾都是与普通垃圾一起送入填埋场进行填埋处理的。但由于厨余垃圾含水率过高，势必导致渗滤液的增多，增加处理难度；另外，我国符合填埋条件的土地锐减，也会导致处理成本的增加。而且厌氧分解的厨余垃圾是填埋场中沼气和渗滤液的主要来源，会造成二次污染。此外，用这种方式处理将损失厨余垃圾中几乎所有的营养价值，厨余垃圾中的绝大部分碳最终都将转化为沼气。在一个精心设计的填埋场里，约有 66% 的沼气可以作为燃料重新利用，但剩余的34% 将进入大气层，而沼气对全球变暖的影响巨大（约为二氧化碳的 25 倍），因此随着对厨余垃圾可利用性认识的越来越广泛，无论在欧美、日本还是中国，厨余垃圾的填埋率都正在呈现下降的趋势，甚至一些国家已禁止未经处理的厨余垃圾进入填埋场了。

4. 厨余垃圾的肥料化处理技术

厨余垃圾的肥料化处理技术主要包括好氧堆肥和厌氧发酵两种。近几年发展起来的堆肥技术还包括蚯蚓堆肥法和集装箱堆肥法。

（1）好氧堆肥

好氧堆肥是在有氧的条件下，依靠好氧微生物，主要是细菌、真菌、放线菌以及纤维素分解菌和木质素分解菌等，分泌胞外酶将底物中的有机固体分解为可溶性有机质，再渗入微生物细胞中参与新陈代谢，从而实现底物向腐殖质转化，最终达到腐熟稳定，成为有机肥料，此过程伴随有微生物的繁殖消亡和种群演替现象。好氧堆肥过程由一系列生物氧化-还原反应组成，电子供体包括含氮有机物、碳氢化合物、酯类、多种有机酸及醇类，电子受体为 O_2，堆肥是多种微生物相对多种底物进行协同作用的复杂生化过程，这一过程遵循物理、化学、生化动力学及热力学等多方面的规律。好氧堆肥的核心因素是微生物的活动，微生物活动受堆体微环境影响明显，堆肥中，微生物活动最适宜的湿度为45%～55%，温度为35～55℃，pH值为6.0～7.5，氧含量应大于8%，底物C/N为25∶1～30∶1，故一般需要进行原料的预处理和过程工艺条件控制，通常接种复合菌剂增强多种微生物间的相互协同作用。

厨余垃圾堆肥的优点是处理方法简单、堆肥产品中能保留较多的氮，可用于农业或制作动物饲料。缺点是占地多、周期长，堆肥过程中产生的污水和臭气会对周边环境造成二次污染，同时厨余垃圾的高油脂和高盐分不利于微生物的生长。另外，厨余垃圾的高含水率与C/N低又需要大量的高C/N调理剂（秸秆、木屑、稻壳等）进行物料调配，但这些调理剂需要较长的时间才能被分解而使堆肥周期延长，并且有些调理剂还需要事先进行粉碎而消耗一定的能源。因此，近年来大型反应器、强制通风静态垛和条垛堆肥等都受到极大限制，堆肥设备正向小型化、移动化和专用化趋势发展。

（2）厌氧发酵

厨余垃圾的厌氧发酵处理是指在特定的厌氧条件下，微生物将有机垃圾进行分解，其中的碳、氢、氧转化为甲烷和二氧化碳，而氮、磷、钾等元素则存留于残留物中，并转化为易被动植物吸收利用的形式。

采用厌氧发酵工艺处理厨余垃圾具有许多独特的优点：1）厌氧系统可以处理含固率为10%～25%的有机废物，厨余垃圾的含固率一般在15%～20%左右，因此发酵前既不需要加水也不需要脱水，简化了前处理，也节约了能耗；2）通常有机物C/N在20～30之间最适合厌氧发酵，而厨余垃圾的C/N在10～25之间，非常适合厌氧发酵，如果C/N过低还可以添加动物粪便和污泥等C/N较高的有机废物进行调节；3）在厌氧发酵过程中会有大量沼气产生，除供发酵厂本身使用外，多余的能源还可外供，而采用好氧发酵需要大量的额外能耗；4）厌氧发酵具有有机负荷高、占地少、周期短、对环境造成的负面作用小等优点，特别适合环境要求高的城市；5）厌氧发酵可以在处理厨余垃圾时，同时处理其他可腐有机物，如粪便、污泥等，并根据各种需求添加相应的添加料，制造特种肥料，提高产品的附加值。但是，厨余垃圾的厌氧处理目前还存在一系列的问题：1）厨余垃圾中含有较多的不易降解杂质，例如塑料袋、餐具、毛巾和瓶盖等，这些杂质的存在不仅影响发酵，而且影响发酵后肥料的形状和产后的销售。因此发酵前必须设置预处理系统，将杂质分离。2）厨余垃圾含有较多的盐分，会导致微生物体内水分渗出，致使其活性降低甚至死亡，从而影响生物降解速度和降解程度。3）目前国内厌氧消化技术处于起步阶段，尚无成熟的专有技术和设备，与国外相比还存在一定的差距。技术装备也没有达到商品化、产业化的要求。一些新工艺、新技术仍处在小试、中试阶段，有待于工程实际运转的验证。4）在厨余垃圾处理工艺中，前处理和除臭也非常重要；除臭系统应具有除臭、防污和防尘等功能。

（3）蚯蚓堆肥法

蚯蚓堆肥是近年来发展起来的一项生物处理技术。其机理是蚯蚓吞食大量有机物质，并将其与土壤混合，通过机械研磨作用和肠道内的生物化学作用将有机物转化为自身或其他生物可以利用的营养物质。同时，蚯蚓还能提高微生物的活性，加速了有机物的分解和转化，并能有效去除或抑制堆肥过程中产生的臭味。此外，蚯蚓代谢活动还可产生大量生物活性物质，有利于作物的生长和品质的改善；副产物蚯蚓本身又是优质的饲料和生物医药原材料。因此利用蚯蚓处理城市生活垃圾，不仅工艺简单、不需要特殊设备，还可以促进垃圾资源化的良性循环，实现可持续发展。但目前利用此项技术还存在一些问题：1）蚯蚓是低等动物，在处理垃圾的过程中容易逐步退化，因此在如何利用杂交技术以获得高效蚓种方面仍需要进一步研究。2）摸索适合蚯蚓生长的垃圾配比、垃圾和土壤的配比也是亟待解决的问题。3）由于垃圾中有毒有害物质较多，重金属含量往往很高，用蚯蚓处理后的蚓粪中重金属有累积作用，这样的蚓粪施入土壤后可能会引发二次污染，如何有效地去除垃圾中的重金属等有毒物质也是我们应该解决的问题。

（4）集装箱堆肥法

集装箱堆肥法特别适合于产生量不大的有机垃圾堆肥处理。反应器由封闭集装箱反应器和多层生物过滤器组成，一般由 20 多个集装箱并联，每个箱体体积为 $50m^3$，堆肥周期为 $15 \sim 20d$，所产生的气体可以回收利用，剩余的无机物可回填土壤。

集装箱堆肥法是一种环境可控的堆肥方式，其最大特点在于对周边环境的影响小（针对露天堆肥方式而言，可以减少其散发的酸臭味及滋生的蛆虫对环境的负面影响），杀灭病菌效果较好。但此装置造价相对较高，土地面积需求量大，只适合在人口相对稀少的空旷场所运行。

5. 厨余垃圾的饲料化处理技术

厨余垃圾饲料化的基本要求是实现杀毒灭菌，达到饲料卫生标准，并最大限度地保留营养成分，改善厨余垃圾的饲用价值，消除或降低不利因素的影响。目前国内生产厨余再生饲料的工艺主要是生物法和物理法。生物法利用微生物菌体将厨余垃圾发酵，利用微生物的生长繁殖和新陈代谢，积累有用的菌体、酶和中间体，经过烘干后制成蛋白饲料。而物理法是直接将厨余垃圾脱水后进行干燥消毒，粉碎后制成饲料。

（1）湿热法

湿热法可以解决物理法导热不均、加热温度过高的问题。该工艺是将厨余垃圾加水后置于密闭容器中加热，反应后上层是油脂，中间是水，下层是固态物质，将下层物质脱水干燥粉碎后得到饲料，上层油脂回收。湿热法处理后的厨余垃圾饲用价值明显提高，既是良好的饲料原料，又方便回收油脂。且此法生产工艺简单，处理周期短，可针对具体情况对设备规模进行重组调整。既可用于大规模的集中处理，又可用于小规模的分散处理，适用范围广。用湿热法将厨余垃圾处理后制成饲料是一种极具潜力的技术，但该技术本身也存有缺陷，如加热方式很难去除霉杆霉菌等菌种，若提高温度，又会破坏下层固态物质的营养成分（如维生素等热敏性物质），导致饲料产品存在安全隐患。所以，现阶段的研究还只停留在实验室的初步研究阶段，对其作用机理、反应器的设计及工艺具体参数的选择还未进行深入研究。

（2）减压油温脱水法

减压油温脱水法是以油为热媒体，在减压（或真空）条件下进行油炸厨余垃圾。所用油可以是饭店、食品工厂用过的废食用油。由于采用减压（或真空）处理，被炸物的氧化性大大降低，保证了饲料的营养成分，同时也进行了真空消毒处理。另外，垃圾中的水分在真空油炸过程中迅速被去除。油炸后的产品完全可作为一种理想的绿色饲料，也易于储存和运输。该法的缺点是投资大，技术要求高，不适合资金有限的国家和地区；另外，生产出来的饲料还要经过进一步的消毒处理，以防止畜禽疾病的产生。

（3）固态发酵

饲料工业发展迅速，人畜争粮必然导致饲料原料严重不足，预计 2000～2020 年我国饲料用粮将缺乏 $24×10^6$～$83×10^6$t 能量饲料和 $24×10^6$～$48×10^6$t 蛋白质饲料，科学研究发现将厨余垃圾作为原料进行固态发酵生产菌体蛋白饲料，可提高氨基酸、蛋白质和维生素含量，代替大豆、鱼粉等蛋白饲料，既价廉又环保，在一定程度上还缓解了饲料原料严重缺乏的问题。该方法具有投资少、见效快、能耗低、操作简便的特点。

6. 厨余垃圾的能源化处理技术

厨余垃圾的能源化处理是在近几年迅速兴起的，主要包括焚烧法、热分解法、生物发酵制氢、生产生物柴油等。

（1）焚烧法

焚烧法处理厨余垃圾效率较高，最终产生约 5% 的利于处置的残余物。焚烧是在特制的焚烧炉中进行的，有较高的热效率，产生的热能可转换成蒸汽或电能。但厨余垃圾含水率高，热值较低，燃烧时需要添加辅助燃料。厨余垃圾的脱水也需要消耗大量的能量，焚烧尾气需经过有效处理才能达到排放标准。总而言之，采用焚烧法处理厨余垃圾存在投资大、尾气排放受限制等问题，难于广泛应用。

（2）热分解法

热分解法是将厨余垃圾在高温下进行热解，使厨余垃圾中所含的能量转换成燃气、油和炭的形式，然后再进行利用。同时厨余垃圾中所含氮、硫、氨等在热解过程中保持还原状态，因而对装置的腐蚀较小。热分解法具有广阔的应用前景，但技术尚未达到实用阶段，目前应用较少。

（3）生物发酵制氢

氢作为一种高质量的清洁能源，是普遍认为的最具有吸引力的替代能源。生物发酵制氢具有反应条件温和、能耗低的特点，因而受到了大家的关注。它主要有两种方法，即利用光合细菌产氢和发酵产氢，与之相对应的有两类微生物菌群，即光合细菌和发酵细菌。生物发酵制氢所用的原料是城市污水、生活垃圾、动物粪便等有机废物，在获得氢气的同时净化了水质，达到了保护环境的作用。因此无论从环境保护还是新能源开发的角度来看，生物发酵制氢都具有很广阔的发展前景。

（4）生产生物柴油

据统计，每吨厨余垃圾可以提炼出 20～80kg 废油脂，经过集中加工处理，则可以制成脂肪酸甲酯等低碳酯类物质，即生物柴油。

超临界甲醇法（supercritical methanol process）是利用甲醇在超临界状态下的特殊物理化学性质，与废油脂发生反应生产生物柴油的一种新工艺。该工艺不需要催化剂，无副产物产生，因此也不需要对产物进行分离，不会产生大量废水；同时，反应效率大大提高，只需要 2～4min 就可达到反应平衡，而且，对原料纯度要求不高，水分和脂肪酸对反应的影响不大。

生物酶法是转化可再生油脂原料制备生物柴油新工艺的另一种发展方向。生物酶法生物柴油技术对环境友好，经检测，产品关键技术指标符合美国及德国生物柴油标准，并符合我国 0 号柴油标准。

由于厨余垃圾中杂质较多，制备生物柴油时，必须采取有针对性的预处理措施和正确的工艺，才能保证转化率和产品纯度不受影响；在生产中，必须保证酯交换反应完全，且彻底去除甘油等副产物，否则会造成发动机工作不正常等问题；另外，生物柴油虽然具有很大的环境效益，但经济成本相对较高，在国外是靠大量减税或免税使其价格与现有柴油相近的。

7. 各种处理方法的优缺点

各种处理方法的优缺点见表11-4。

各种处理方法的优缺点

表11-4

处理方法	具体工艺	优点	缺点
无害化处理技术	粉碎直排	价格便宜，技术简单，减少垃圾收集	导致疾病传播，增加污水处理负荷
	填埋	操作简单，应用普遍	渗滤液处理难，土地成本高，产生二次污染和温室效应
肥料化处理技术	好氧堆肥	处理方法简单，可制饲料	占地多，周期长，会对周边环境造成二次污染
	厌氧发酵	有机负荷高，占地少，周期短，对环境造成的负面作用小	需设置预处理系统，国内尚无成熟的技术和设备
	蚯蚓堆肥法	工艺简单，副产物可制饲料	高效蚓种和工艺配比问题，重金属积累易引起二次污染
	集装箱堆肥法	环境影响小，灭病菌效果好	装置造价高，土地面积需求量大
饲料化处理技术	湿热法	可回收饲料原料和油脂，生产工艺简单，处理周期短	处于实验室初步研究阶段，需进一步深入研究
	减压油温脱水法	可制成理想的绿色饲料，易于储存和运输	投资大，技术要求高，生产出来的饲料还需进一步消毒
	固态发酵	投资少，见效快，能耗低，操作简单	技术还处于起步阶段，短期内达不到工艺化、生产化程度
能源化处理技术	焚烧法	效率高，热能可回收利用	投资大，尾气排放受限制，难于广泛应用
	热分解法	可生成再利用资源，装置腐蚀较小，具有广阔的应用前景	技术尚未达到实用阶段，目前应用较少
	生物发酵制氢	反应条件温和，能耗低，可制清洁能源氢	技术尚不成熟，开发成本较高
	生产生物柴油	环境友好，应用前景广阔	对工艺要求较高，经济成本较高

传统的无害化处理技术仅仅是将厨余垃圾作为废物进行处理，而没有充分利用其潜在的资源价值和回收利用价值，因此，开发厨余垃圾的资源化处理技术应是未来发展的方向。肥料化处理技术是一类目前较为成熟的厨余垃圾资源化处理技术，同时饲料化处理技术也已逐步开始工程化应用，而能源化处理技术则是厨余垃圾资源化处理技术未来发展的方向。就厨余垃圾处理技术的原理而言，生物处理技术对环境的影响较小，且可以回收能源及产生对环境有益的二次产物，因此具有广阔的应用前景，值得深入研究。

11.2.2 实训活动：社会调查与科研讲座及实验

1. 社会调查与科研讲座

要求：调查学校所在地区餐厨垃圾无害化与资源化处理状况。

(1) 撰写调查提纲；

(2) 撰写调查报告；

（3）科研讲座。

2. 厌氧消化实验

本实验是研究性实验，根据实验室情况自行开展。

（1）实验装置和方法

实验装置是自行设计的批式小型发酵装置（见9.2.2厌氧消化过程模拟图9-4），由发酵罐、加热系统、集气系统三部分组成。

实验消化原料是基于兰州市有机生活垃圾组分调查结果自行配制的。配制组分时剔除易分离且难降解的组分，考虑到实际垃圾中有餐厨垃圾混入，为保证生活垃圾的代表性，添加了一定比例的餐厨垃圾。菜叶果皮类取自周边市场，餐厨取自兰州交通大学学生餐厅，原料切碎，充分混合，自然风干到含固率大于30％备用。污泥取自污水处理厂。实验过程中需要分析监测的指标分为气相指标、液相指标和固相指标3类。气相指标包括产气效率和累计气体产生量；液相指标包括消化液pH值、挥发性脂肪酸（VFAs）和氨氮（NH_4^+-N）浓度；固相指标包括总固体含量（TS）、挥发性固体含量（VS）和进料碳氮比（C/N）等。各项指标的检测方法为：TS采用重量法测定；VS采用灼烧法测定；总氮采用半微量开氏法用半微量开氏定氮仪测定；氨氮采用蒸馏-中和滴定法用半微量开氏定氮仪测定；VFAs采用氨氮、VFA联合滴定法测定；沼气产量采用排水集气法测定。

（2）实验材料

配制的新鲜原料TS为12％，不稀释直接进料，接种量60％（质量比），发酵罐2L，装罐总质量1600kg。装罐后12h为排空期不收集气体，12h后同时集气；根据消化状态每隔1～5d取样检测，取样前搅拌10min，然后用甘油注射器抽取4～5mL沼液，以3000r/min的转速离心5min，取上清液备用；用石灰水适时调节系统pH值，防止系统酸化；每天记录产气量，搅拌10min，消化到不再产气结束。

（3）实验结果与讨论

1）产气速率和累计产气量变化；

2）pH值和VFAs浓度变化；

3）产气速率和VFAs浓度变化。

第12章　家庭源危险固体废物资源化实训

阅读材料：政策和法规

(1)《关于加强废弃电子电气设备环境管理的公告》(环发〔2003〕143号)，要求加强电子废物的环境管理，防止污染环境，促进以环境无害化方式回收利用和处置电子废物，变废为宝，化害为利。

(2)《废弃家用电器与电子产品污染防治技术政策》(2006年4月27日起实施)要求建立完善的废弃家用电器与电子产品回收体系，采用有利于回收和再利用的方案，逐步提高废弃家用电器与电子产品的环境无害化回收率和再利用率。

(3)《中华人民共和国循环经济促进法》(2009年1月1日起实施)对循环经济的定义为在生产、流通和消费等过程中进行的减量化、再利用、资源化活动的总称，其中资源化要求将废物直接作为原材料进行利用或者对废物进行再生利用。

(4)《废弃电器电子产品处理污染控制技术规范》HJ 527—2010明确了废弃电器电子产品收集、运输、贮存、拆解和处理等过程中的污染防治和环境保护控制内容及要求。并且标准规定：优先实现废弃电器电子产品及其零(部)件的再使用；禁止将废弃电器电子产品直接填埋；禁止直接填埋废弃电器电子产品拆出的废塑料，废塑料处理应符合《废塑料回收与再生利用污染控制技术规范》HJ/T 364—2007的规定。

(5)《废塑料回收与再生利用污染控制技术规范》HJ/T 364—2007明确了废塑料回收、贮存、运输、预处理、再生利用等过程的污染控制和环境保护监督管理的要求。标准中对塑料再生利用技术要求为：废塑料应按照直接再生、改性再生、能量回收的优先顺序进行再生利用；宜开发和应用针对热固性塑料、混合塑料和质量降低的废塑料的新型环保再生利用技术。

(6)《家用和类似用途电器的安全使用年限和再生利用通则》GB/T 21097.1—2007和《家用电器安全使用年限细则》明确了我国家用电器的安全使用年限，再生利用和回收利用的要求，以及再生利用率的计算方法等。

(7)《废弃电器电子产品回收处理管理条例》(2011年1月1日起实施)规定：国家对废弃电器电子产品实行多渠道回收和集中处理制度；国家建立废弃电器电子产品处理基金，用于废弃电器电子产品回收处理费用补贴；回收的废弃电器电子产品应当由有废弃电器电子产品处理资格的处理企业处理。

(8)《废弃电器电子产品处理基金征收使用管理办法》(2012年5月21日)规定对电器电子产品征收基金的产品范围和增收标准；取得废弃电器电子产品处理资格的企业对列入《废弃电器电子产品处理目录》的废弃电器电子产品进行处理，可以申请基金补贴。

随着人们生活水平的提高，家庭危险固体废物的产生量呈快速增长的趋势，了解家庭危险固体废物资源化技术，是环境工程专业学生学习的重要内容。本章重点介绍了电子废弃物资源化利用技术、有害组分的家用化学品无害化处理技术以及电池分类与无害化处理技术，其目的是开拓学生的视野，提升学生的创新思维能力。

学习目标

(1) 了解国家有关电器废弃物处理与处置的政策和法规；

(2) 了解电子废弃物的资源化利用技术；

(3) 了解有害组分的家用化学品无害化处理技术；

(4) 了解电池分类与无害化处理技术；

(5) 了解日常生活中产生的危险固体废物资源化实验技术。

学习内容

12.1 电子废弃物的资源化利用

12.2 有害组分的家用化学品无害化处理

12.3 电池分类与无害化处理

12.4 实训活动：社会调查与科研讲座及实验

学习时间

2 学时。

学习方式

本章实训共 1 个社会调研，1 个科研讲座和 1 个实验（包括 4 个子实验）；自学本章内容，1 个学时；根据学校实验条件和学时要求选择其中的实验进行。

12.1 电子废弃物的资源化利用

电子废弃物俗称"电子垃圾"，是指被废弃不再使用的电器或电子设备。电子废弃物种类繁多，大致可分为两类：一类是所含材料比较简单，对环境危害较轻的废旧电子产品，如电冰箱、洗衣机、空调机等家用电器以及医疗、科研电器等，这类产品的拆解和处理相对比较简单；另一类是所含材料比较复杂，对环境危害比较大的废旧电子产品，如电脑、电视机显像管内的铅，电脑元件中含有的砷、汞和其他有害物质，手机原材料中的砷、镉、铅以及其他多种持久降解和生物累积性的有毒物质等。

12.1.1 电子废弃物的处理技术路线

电子废弃物的处理是一个较为复杂的系统工程，涉及多种电子电器产品的拆解、破碎、分类、分选、无害化处理和再制造等，技术复杂，工艺烦琐，各工艺之间互相关联、彼此制约。因此应该建立一个工艺线路流畅、运行安全可靠的电子废弃物处理处置技术路线（见图 12-1）。

12.1.2 电子废弃物拆解工艺

电子废弃物的拆解是其预处理技术，针对不同的电子废弃物应该采用不同的拆解步骤与方法，避免产生"二次污染"，其拆解工艺如图 12-2 所示。

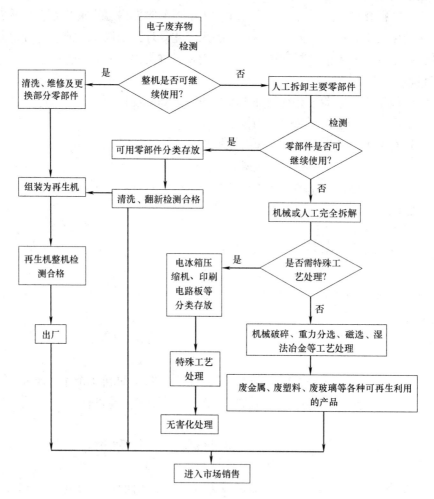

图 12-1　电子废弃物处理处置工艺流程图

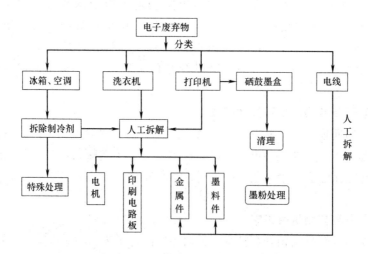

图 12-2　电子废弃物拆解工艺流程图

12.1.3 电子废弃物破碎分离工艺

电子废弃物包括显金属块料主要为物理拆解出的电子电器线路板；除主要成分外，还含有其他成分，主要为塑料，金属为其附着物。隐金属粉料则为电子废弃物经拆解、粉碎后采用风选和磁选所得金属粉末，平均粒度小于 $147\mu m$。破碎分离是电子废弃物处理的关键技术，以便于后续过程处理。电子废弃物主要由金属（铁、铜、银等重金属）和有机物组成，可选择磁选和气流分选相结合的分离工艺，其工艺流程如图12-3所示。

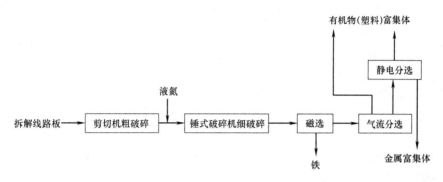

图12-3 线路板破碎分离工艺流程图

先经过人工拆解将安装在线路板中的有害组分比如电池、含汞开关、含聚氯联二苯的电容拆除后，经过剪切机进行粗破碎，送入液氮罐中进行冷却，液氮冷却有利于破碎，防止破碎时产生大量的热使塑料燃烧氧化，然后送入锤式破碎机进行细破碎，锤式破碎机分批操作，破碎后的物料进行磁选，首先分离出铁磁性物质，最后经过气流分选和静电分选得到金属富集体和有机物（塑料）富集体。

12.1.4 提取铜工艺

1. 浸出-电解

隐金属粉料中铜在硫酸中浸出的化学方程式为：

$$2Cu+2H_2SO_4+O_2=2CuSO_4+2H_2O \tag{12-1}$$

在铜电解过程中，阴、阳极分别发生如下反应：

$$阴极：Cu^{2+}+2e\longrightarrow Cu \tag{12-2}$$

$$阳极：H_2O\longrightarrow 0.5O_2+2H^++2e \tag{12-3}$$

具体工艺过程为：隐金属粉料经计量器计量后进入浆化槽进行搅拌浆化，浆化后的矿浆用泵送到装有适量硫酸的浸出槽中进行浸出，浸出温度≤90℃，通入压缩空气，开启搅拌器浸出，浸出至终点，再将浸出槽内的矿浆用泵送到过滤机过滤。浸出渣经洗涤后送到硝酸处理槽内处理，浸出液泵送到电解液循环槽与槽内电解液混合，再将混合液泵送至管状阴极电解槽进行电解。

2. 硝化-置换

在硝化过程中银、钯、锡及硫酸浸出工序未溶解的铜均会溶解进入溶液，其化学反应式为：

$$Ag+2HNO_3（热、浓）=AgNO_3+NO_2+H_2O \tag{12-4}$$

$$3Ag+4HNO_3（稀）=3AgNO_3+NO+2H_2O \tag{12-5}$$

$$3Pd+8HNO_3（20\%）=3Pd(NO_3)_2+2NO+4H_2O \tag{12-6}$$

$$3Pd+8HNO_3(温热)=3Pd(NO_3)_2+2NO+4H_2O \qquad (12-7)$$

$$Sn+4HNO_3(浓)=H_2SnO_3+4NO_2+H_2O \qquad (12-8)$$

$$Cu+4HNO_3=Cu(NO_3)_2+2NO_2+2H_2O \qquad (12-9)$$

硝酸浸出液采用铁粉置换即可得到含银、钯、锡、铜、铁的置换渣，其化学方程式为：

$$2AgNO_3+Fe=Fe(NO_3)_2+2Ag \qquad (12-10)$$

$$Pd(NO_3)_2+Fe=Fe(NO_3)_2+Pd \qquad (12-11)$$

$$Cu(NO_3)_2+Fe=Fe(NO_3)_2+Cu \qquad (12-12)$$

$$Sn^{4+}+2Fe=2Fe^{2+}+Sn \qquad (12-13)$$

具体工艺过程为：将浸出工序产出的浸出渣置于硝酸处理槽内，加入硝酸，用导热油将槽加热并控制槽内温度≤90℃，通入压缩空气，启动搅拌器进行硝化处理。经硝酸处理后的渣浆进入塔盘洗涤，洗涤产出的滤渣，即含金滤渣用水洗后送至王水提纯工序。产出的洗液泵至置换槽中用铁粉置换。置换矿浆用塔盘洗涤，洗液的主要成分为硝酸铁，用蒸发器蒸发后可得硝酸铁副产品。置换矿浆的主要成分为铜、铁、银等，其富集到一定浓度时可送物理处理车间选出铁后，再返回化学处理车间提铜。

12.1.5　提取金工艺

1. 板卡脱镀、置换

脱镀即显金属块的铜、铁、金、银、钯均按如下化学反应式溶解进入溶液：

$$4Cu+12CN^-+O_2+2H_2O=4Cu(CN)_3^{2-}+4OH^- \qquad (12-14)$$

$$2Fe+12CN^-+O_2+2H_2O=2Fe(CN)_6^{4-}+4OH^- \qquad (12-15)$$

$$4Au+4CN^-+O_2+2H_2O=4Au(CN)^{2-}+4OH^- \qquad (12-16)$$

$$4Ag+4CN^-+O_2+2H_2O=4Ag(CN)^{2-}+4OH^- \qquad (12-17)$$

$$2Pd+8CN^-+O_2+2H_2O=2Pd(CN)_4^{2-}+4OH^- \qquad (12-18)$$

置换及脱镀液加入锌屑并鼓入压缩空气发生以下置换反应，得到含金、银、钯、铜的置换渣：

$$4Au(CN)^{2-}+Zn+1.5O_2+3H_2O=4Au+Zn(CN)_4^{2-}+6OH^- \qquad (12-19)$$

$$4Ag(CN)^{2-}+Zn+1.5O_2+3H_2O=4Ag+Zn(CN)_4^{2-}+6OH^- \qquad (12-20)$$

$$Pd(CN)_4^{2-}+Zn=Pd+Zn(CN)_4^{2-} \qquad (12-21)$$

$$4Cu(CN)_3^{2-}+3Zn+0.5O_2+H_2O=4Cu+3Zn(CN)_4^{2-}+2OH^- \qquad (12-22)$$

提金的原料有两种，一种是提铜后的硝酸浸出渣，另一种则是物理处理车间所提供的显金属块料板卡。具体工艺过程为：首先将显金属块料板卡装入吊篮里，用起吊装置吊入盛有预先配好脱镀液的槽内，鼓入压缩空气进行脱镀；至脱镀终点升起吊篮用水多次洗涤，所得洗涤液作为脱镀液溶剂配制脱镀液。另将锌屑装入吊篮里，放入置有脱镀后液的脱镀槽内，鼓入压缩空气进行置换。置换后的渣浆用离心机过滤，得富金置换渣。置换后液为含氰废液，送废水处理。

2. 王水溶金

王水（aqua regia）又称"王酸"、"硝基盐酸"。是一种腐蚀性非常强、冒黄色雾的液体，是浓盐酸（HCl）和浓硝酸（HNO_3）按体积比为3：1组成的混合物。它是少数几种能够溶解金（Au）物质的液体之一，它的名字正是由于它的腐蚀性之强而来。置换渣和硝酸浸出渣采用王水处理，浸出时，金、银、钯、铜均按如下反应方程式溶解进入溶液：

$$Au + HNO_3 + 4HCl = HAuCl_4 + NO + 2H_2O \qquad (12\text{-}23)$$
$$3Pd + 4HNO_3 + 18HCl = 3H_2PdCl_6 + 4NO + 8H_2O \qquad (12\text{-}24)$$
$$3Ag + 4HNO_3 = 3AgNO_3 + NO + 2H_2O \qquad (12\text{-}25)$$
$$Cu + 4HNO_3 = Cu(NO_3)_2 + 2NO_2 + 2H_2O \qquad (12\text{-}26)$$

具体工艺过程为：板卡脱镀所得的置换后渣与提铜系统的硝酸处理后渣均为富金渣，合并在一起送入王水浸出槽浸出。浸出槽用导热油将槽加热并保温在 90℃ 左右，搅拌浸出。浸出至终点后，对浸出渣浆进行塔盘洗涤，洗涤产出的王水浸出液和洗涤液均进入赶硝酸槽赶硝。洗涤渣即塑、硅渣，堆放或外销。

3. 赶硝-还原

向王水浸出液中加入盐酸和氯化铵，用导热油保温搅拌赶硝，其中银、钯分别沉淀析出，发生的化学反应如下：

$$Ag^+ + Cl^- = AgCl \qquad (12\text{-}27)$$
$$H_2PdCl_4 + 2NH_4Cl = (NH_4)_2PdCl_4 + 2HCl \qquad (12\text{-}28)$$

赶硝至终点后，将赶硝后液送至塔盘洗涤，洗涤产出的赶硝后液及洗涤液送至还原析金槽析金。洗涤渣为银钯渣，堆放或外销。将赶硝后液置于还原析金槽内，加入亚硝酸钠搅拌还原析金：

$$HAuCl_4 + 2NaNO_2 + H_2O = Au + NaNO_3 + NO_2 + 3HCl + NaCl \qquad (12\text{-}29)$$

待到析金终点，将析金槽内的渣浆送至塔盘洗涤，洗涤后液送废水处理。析出金经离心过滤机过滤后用坩埚熔铸产出成品金。

12.1.6 非金属的回收

化学处理对机械预处理电路板要求不高，只需将电路板破碎即可。采用此方法分离电路板中的金属组分和非金属组分时，热固性塑料和含溴阻燃剂都转化为小分子，可有效避免二噁英的产生。目前，对化学处理中焚烧处理法及热解回收法等火法工艺研究较多，而溶剂分解回收法也逐步成为研究热点。

1. 焚烧处理

焚烧处理可实现废弃电路板非金属组分的无害化处理，由于废弃电路板非金属组分焚烧处理易产生含二噁英的烟气，故避免二噁英的产生是焚烧工艺发展的关键。危险废弃物中的有害成分与废弃电路板非金属组分中的有害成分类似，而该物料焚烧处理及烟气中二噁英的控制工艺十分成熟，多采用回转炉焚烧＋二次燃烧室焚烧＋急冷塔急冷烟气避免二噁英的产生，二噁英的脱除率可达到 99.9999%，满足排放标准。目前，借鉴该方法焚烧处理废弃电路板，已得到人们的关注。

废弃电路板非金属组分作为危废处置，可以满足其无害化处置，却难以实现其资源化利用，且交由危废处置企业处理需收取昂贵的处置费用。在火法冶炼中搭配处理这些非金属组分，已在一些国家的工厂得以实现。比利时优美科公司把电路板作为铜精矿的搭配料投入艾萨铜熔炼炉中，其中非金属组分中的玻璃纤维等可作为造渣的原料，以替代部分冶炼熔剂，树脂等有机物则可作为燃料替代部分粉煤。

2. 热解回收

热解回收法处理废弃电路板非金属组分，可通过热解聚合物生成气体、热解油和残渣等，而生成的气体和热解油都可作为化工原料或化石燃料。此外，当热解温度足够高时，可以熔化连接元器件的焊锡，从而有效分离元器件和基板，并回收金属锡。对脱除热解油中的卤素等优化热解油品质的方法，也有大量研究。利用电路板和木屑真空共热解的方式制得高品质的热解油。由于生物油和电路板热解油都含有大量酚类化合物，此热解油可用于制备高性能的酚醛树脂。利用电路板和 NaOH 共热解可高效脱除电路板中的卤素这一特性，抑制溴化苯酚的形成。

3. 溶剂分解回收

溶剂分解回收是利用介质的独特性质，溶解废弃电路板非金属组分中的树脂部分，使其转化为可回收利用的化石燃料等。此方法目前多处于研究状态，其中利用超临界流体、氢解和离子液体等溶剂分解废弃电路板非金属组分已有一些研究。超临界流体是一种新型有机溶剂，其温度和压力高于物质的热力学临界点，具有低黏度、高传质速率、高扩散系数和溶剂能等优点，可用于电路板中非金属组分的分离和有机物的选择性回收。超临界水，由于其具有廉价易得、操作简单、无毒性及可回收等优点，首先得到人们的关注。有学者利用 200~400℃ 的超临界水溶解电路板溴化阻燃剂 TBBPA，使其 97.7% 的 Br 以 HBr 的形式溶解进入水中，而无 Br 的油主要是苯酚（58.5%）和 4-(1-甲基乙基)-苯酚（21.7%）。除此之外，为了降低操作的临界温度和压力，超临界二氧化碳和甲醇也可作为溶解电路板中有机物的溶剂。研究表明，在温度为 40~80℃，压力为 10~25MPa 的条件下，超临界二氧化碳可以有效地溶解 TBBPA，实现电路板中阻燃剂的提取。利用超临界甲醇，在温度为 300~420℃，处理时间为 30~120min 时，可得到以苯酚及其甲基化衍生物为主的热解油。

氢解法是分解热固性树脂的新方法。研究表明将废弃电路板非金属组分和四氢化萘在 340℃ 的反应釜中反应，电路板中的环氧树脂部分发生氢解转化为四氢呋喃，而与电路板中的玻璃纤维和铜箔分离。离子液体作为一种新型、独特的溶剂，含有大量的有机阳离子和少量有机或无机的阴离子，构成了惰性极性溶剂。其具有蒸汽压低、热稳定性好、对聚合物等有机物溶解性强等特性，已广泛应用于绿色化学。利用离子液体浸出电路板中的金属，已有大量的研究，而利用其溶解电路板中的溴化环氧树脂也开始得到关注。利用 [EMIM$^+$][BF^{4-}] 可在 260℃、10min 内完全溶解电路板中的溴化环氧树脂，而使电路板中的树脂、金属及玻璃纤维这 3 部分完全分离。

总体来说，化学处理技术是废弃电路板非金属组分处理较为有效的方法，其目标是通过化学反应使非金属组分中的含溴阻燃剂转化为单体，从而有效去除非金属组分中的有毒有害元素。焚烧处理主要使非金属组分作为提供热值的燃料或熔剂，而热解或溶剂分解回收使非金属组分中的聚合物转化为石化产品。然而，非金属组分只作为燃料或熔剂，无法实现废弃电路板非金属组分的高值化利用；而处理回收的石化产品需进行精炼再利用，其生产成本比工业制备石化产品高，故难以吸引石化公司采用此工艺。同时，目前关于热解回收及溶剂分解回收的研究规模有限且有效数据较少，需提升产品的附加值，才能弥补其高能耗的缺陷，增加该技术的竞争力。

12.1.7 废塑料的回收利用工艺

废塑料主要来自于计算机、电视、洗衣机等的外壳制件，熔化后可作为新产品的原材料使用，或者被用作燃料。废塑料再生利用可分为简单再生利用和复合再生利用两大类。简单再生利用是把单一品种的废塑料直接循环回收利用或经过简单加工利用。简单再生所回收的废塑料比较干净，成分比较单一；采用比较简单的工艺设备即可回收到性质良好的再生塑料，其性能与新料相差不大，在很大程度上可以作为新料使用。复合再生利用是以混合废料为原料，再掺入其他配料的利用方式。几乎所有热塑性废塑料，甚至混合少量热固性废塑料都可以再生回收利用。

12.1.8 微生物法从电子废弃物中回收贵金属

1. 微生物法浸取电子废弃物中贵金属的常用微生物

目前，微生物法浸取电子废弃物中贵金属的常用微生物有多种，可以直接或间接参与电子废弃物的氧化及溶解，主要可以分为两大类：自养菌和异养菌。

自养菌是主要使用的一类细菌，这类细菌可以通过氧化金属元素、单质硫及还原态化合物等获得能量，并以无机含氮化合物作为氮源、CO_2作为碳源合成细胞物质。正是这种代谢特点，使其被用来浸出电子废弃物中的贵金属。其优点有以下几个方面：（1）产生的硫酸可以溶解金属；（2）对溶液中的金属离子有较强的耐受能力；（3）可以利用比较便宜的无机物作为能源。包括氧化硫硫杆菌（Thiobacillus thiooxidans）、氧化亚铁微螺菌（Leptospirillum ferrooxidans）和氧化亚铁硫杆菌（Thiobacillus ferrooxidans）。这类细菌通常可在酸性矿水、矿泉、矿泥、淡水、海水、土壤及其他含硫丰富的地方被发现。

异养菌是一类以有机物为能源的微生物，它们在生长代谢过程中能产生柠檬酸、草酸、乳酸、葡萄糖酸等多种有机酸，这些有机酸能被用来浸取回收金属。由于异养菌能利用工农业生产中的废弃物作为能量来源，并且浸出的 pH 值较高，产生的有机酸可以被自然界中的微生物分解，因此对环境的影响小。但是，目前可供研究的菌种较少，且对其浸出机理的认识还不深入。与自养菌相比，异养菌浸取电子废弃物具有以下优势：（1）可以在高碱度环境中生长，因此更适合浸取碱性固体废物；（2）迟缓期比较短，浸出速度比较快；（3）产生的代谢产物可以与金属离子形成络合物，因此降低了对微生物的毒性影响。包括黑曲霉（Aspergillus niger）和简青霉（Penicillium simplicissimum）。

2. 微生物法回收电子废弃物中贵金属作用机理

微生物法回收电子废弃物中贵金属作用机理目前尚处于不确定阶段。但大多数学者认为主要有以下几种作用：（1）静电吸附作用，这是一种物理作用，微生物细胞表面的带电基团对金属离子产生静电引力，可以使金属离子固定在细胞表面；（2）氧化还原作用，某些微生物本身具有氧化还原能力，可以改变吸附在其上的金属离子价态；（3）离子交换作用，利用某些微生物将金属离子吸附到细胞表面或体内，根据电荷差异，离子间进行交换，最终得到金属的原子状态；（4）螯合作用，微生物产生的氨基酸等代谢产物与体系中的金属离子发生络合；（5）联合作用，在浸出过程中，多种作用同时存在。众多研究表明，微生物法回收电子废弃物中贵金属多以联合作用为主。

3. 微生物法回收电子废弃物中贵金属前预处理工艺

据统计，1t 随意收集的电子废弃物中大约含有 272kg 塑料、130kg 铜、41kg 铁、29kg 铅、20kg 锡、18kg 镍、10kg 锑、0.45kg 黄金、9kg 银和钯铂等其他贵金属。贵金属的微生物回收会受到非金属和其他金属的阻碍，因此用微生物法回收电子废弃物中贵金属前对电子废弃物进行预处理至关重要。

（1）预处理流程

对电子废弃物中各种贵金属进行资源回收，不可能一步到位，必须要具有一定的回收工艺。第一步，拆卸工艺。在这个环节中，主要负责有效除掉其中的有害成分并回收可以再利用或者有价值的成分与材料。第二步，物理、机械回收工艺。筛选，不但能够提供出满足特定机械的工艺流程及大小一致的原料，还能够提升贵金属的含量。第三步，磁力分选。主要是抓住不同材料磁化率的大小存在差异这一特性，采用了稀土永磁材料，能够提供出梯度大、强度高的磁场。第四步，导电度分离。三种典型的导电度分离技术为电晕静电分离、漩涡流分离及摩擦电分离。第五步，电晕静电分离。该分离技术已经大量使用到了材料加工业及回收废旧电缆上。

（2）预处理技术分析

电子废弃物的种类繁多且大小不一，组成结构差异较大。有研究显示，对印刷线路板采用"两步粉碎"及"两步分离"的方法进行金属与非金属的分离。由于在破碎过程中，金属铝、锡、铅等硬度较小的物质容易黏结成团，致使其颗粒较大，而来自于线路板基板中的金属铜、银、金等颗粒的尺寸较小，从而使金属得到分离，有利于后续过程中贵金属的回收。除了常规的物理法进行预处理外，有学者研究得出 2.55mol/L 的稀硝酸可以将线路板中 89.4％的 Sn 和 93.4％的 Pb 浸出，实现了线路板中 Sn、Pb 与其他金属的分离。

12.2　有害组分的家用化学品无害化处理

家用化学品是指家庭日常生活中使用的各种化学物质，包括洗涤剂、空气清新剂、除害药物、除臭剂、洁齿剂、皮肤清洁剂、擦光剂等，种类繁多，应用范围极广。

家用化学品品种很多，其用途一般分为：（1）清洁用品：如地毯清洁剂、厨房器具清洁剂、厕所清洁剂等；（2）洗涤用品：如洗衣粉、洗涤剂、肥皂等；（3）化妆品：如粉类、霜类、膏类、染发剂、烫发剂、喷雾发胶等；（4）家用除害药物：如杀虫剂、杀菌剂、杀鼠剂等；（5）食品包装材料与食品容器：如包装袋、可生物降解的餐盒、保鲜膜、微波炉用容器等；（6）食品添加剂：如国家标准规定的允许使用的食品添加剂；（7）胶粘剂；（8）皮毛和皮革保护剂；（9）擦光产品：如家具擦光剂、地板擦光剂等；（10）涂料、颜料；（11）家用气溶胶：如空气清新剂等；（12）其他产品：如除臭剂、洁齿剂、消毒剂等。

家用化学品为室内空气污染的主要来源之一。例如：室内空气中主要的污染物甲醛、挥发性有机物等越来越多地来源于空气清新剂、涂料、胶粘剂、除害药物等化学品；洗涤剂在生活中的大量使用造成了水体环境的污染，我国一些地区水体富营养化严重就与洗涤剂的过量排放密切相关。

12.1.1　家用化学品资源化处理

金属钾、金属钠和丙酮等废弃金属和有机溶剂具有综合利用价值，可将其暂存待利用。

12.1.2　家用化学品无害化处理

对于无综合利用价值或回收利用成本高的废弃物，必须进行安全的无害化处理处置，除有特殊规定的以外，一般采取高温焚烧和安全填埋的方式作最终处置。根据国内目前对废弃化学品处理处置技术的研究及应用，综合考虑化学品化学特性、利用价值等特点，普通类化学品可合理选择综合利用、高温焚烧处置、物化/污水处置、固化/安全填埋处置工艺。剧毒类化学品废物为使其毒性完全降解或分解，通常采用"溶解＋解毒药剂"的方式处理，可达到无害化处理的要求，见表 12-1。

	废物类别	处理处置工艺	备 注
普通类化学品废物	金属、有机溶剂等	暂时待综合利用	金属钾、金属钠和丙酮等
	可燃类	高温焚烧	乙肝针水、沾染物等
	有毒重金属类	物化处理	废酸、电镀液等
	较稳定盐类	稳定/固化及安全填埋	氯化钡、硝酸铅等
剧毒类化学品废物	汞化物类	酸溶解＋硫化沉淀	氯化汞、氰化汞等
	砷化物类	酸溶解＋氧化解毒	三氧化二砷、亚砷酸盐等
	氰化物类	溶解＋氧化破氰	氰化钾、氰化钠等
	有机农药类	人工投料法高温焚烧	毒鼠强等
	叠氮钠废物	高锰酸钾氧化解毒	
	不明废物	经鉴定后选择处理工艺	

表 12-1 废弃化学品处理处置工艺

12.3 电池分类与无害化处理

12.3.1 电池的种类

随着便携电器的发展，所使用的电池的种类也越来越多。按电池工作性质和贮存方式可分为三类：一次电池，如锌锰电池、汞电池、锂电池等；二次电池，如铅酸电池、镉镍电池等；贮备电池，如锌银电池、镁银电池等。按其大小规格可分为两大类：汽车、保安电源系统用的大型电池，主要是铅酸蓄电池；日常使用的 1 号及小于 1 号的小型电池。

废旧手机电池分类：最早的时候，手机电池是镍氢、镍镉蓄电池。近些年来，锂离子蓄电池的产量大幅度提高，已成为目前手机电池的首选。

1. 镍镉电池

镍镉电池在手机发展初期，特别是 20 世纪 90 年代前期，占有较大比例。众所周知，镉有非常大的毒性，一旦摄入就会使人产生肺气肿、贫血和骨质改变。所以在 20 世纪末后镍镉电池逐步被淘汰了。

2. 镍氢电池

相比于镍镉电池，镍氢电池的镉成分含量非常少，对环境造成的污染要略轻，但是镍中毒同样会引起呼吸系统的重大损害，严重者会出现神志模糊甚至昏迷状况，同时并发心肌梗塞，因此也被淘汰了。

3. 锂离子电池

锂离子电池能量高，工作寿命长，储能密度最高，质量轻，并且不容易产生记忆效应，可以即充即用，方便快捷，充放电次数多达 1000 次以上。与镍镉、镍氢电池相比，它的污染是很小的。但随着锂离子电池的使用越来越广泛，大量废弃的锂离子电池带来的恶劣的环境污染以及资源浪费的问题也愈来愈突出。

不同种类的废电池对于环境的污染差别较大，相对应的处置及再生利用技术也不同。一般来讲，废电池需要经过破碎预处理分选出各部件，主要包括：电极活性物质、集流体/板栅、隔膜、外壳及附属件、电解液等。其中重点对电极活性物质中的有价金属进行回收再利用。

12.3.2 废旧电池的处理技术

1. 无害化填埋

对于含有铅、汞等会对环境造成严重污染的重金属的废旧电池，以及实际生活中难以实现回收再利用的废旧电池，通常采用无害化填埋手段进行处理。无害化填埋虽然操作简单，仅需极少的处理成本，可是有较高的防渗技术要求。

2. 湿法处理回收技术

废旧电池的湿法处理回收技术是基于电池中金属及其化合物溶于酸的原理，将分类、破碎分选后的电池粉末浸泡于酸性溶液中，使目标组分溶于酸液中，然后经过过滤，弃去有机电解质及隔膜杂质，调节所得含目标组分的滤液的 pH 值，将 Al、Fe 等微量元素以氢氧化物的形式除去。利用化学沉淀、电化学沉积、离子交换或萃取分离的方法使目标组分以纯金属或金属盐的形式得以回收。或者使酸与废旧电池中的某些物质发生反应，生成可溶性盐，然后再将纯化过的可溶性盐溶液进行电解，使其产生纯度较高的金属单质和相应氧化物，此法还可用于生产化工产品或者化肥。湿法工艺种类较多，处理所得产品的纯度通常较高，但却具有流程长、污染重、能耗大、生产成本高的缺点。

3. 干法处理回收技术

干法又名烟法、火法，是指将废旧电池进行分类后，在 $600 \sim 800℃$ 的高温环境下进行焙烧，使其中的金属及其化合物进行充分的氧化还原反应和分解反应的方法。相对于湿法，干法的处理成本较高，操作难度也较大。

干法是在高温下使电池中的金属及其化合物氧化、还原、分解和挥发、冷凝，从而有效地回收其中的 Hg、Cd 等易挥发物。按照回收工艺的不同，干法处理回收技术又可以分为常压冶金法和真空冶金法。常压冶金法在处理废旧电池时，通常有如下两种方法：（1）在较低温度下加热废旧电池，使 Hg 挥发后再在较高的温度下回收 Zn 和其他重金属；（2）在高温下焙烧废旧电池，使其中易挥发的金属及其氧化物挥发，残留物可作为冶金中间物产品或另行处理。常压冶金法是在大气中进行的，空气参与反应，会造成二次污染且能源消耗高。真空冶金法处理废旧电池是基于组成电池的各种物质在同一温度下具有不同的蒸气压，在真空中通过蒸发和冷凝，使各组分分别在不同的温度下相互分离，从而实现废旧电池综合回收与利用。在蒸发过程中，蒸气压高的 Cd、Hg、Zn 等组分进入蒸汽，而 Mn、Fe 等蒸气压低的组分则留在残液或残渣中，实现了分离。冷凝时，蒸汽相中的 Hg、Cd、Zn 等在不同温度下凝结为固体或液体，实现分步分离回收。目前关于真空冶金法回收废旧电池的研究还比较少，该法与湿法及常压冶金法相比，基本无二次污染，流程短，能耗低，具有一定的经济优势。

4. 干湿结合法

干湿结合法集合了传统的湿法和干法各自的优点，先利用干法对废旧电池原料进行焙烧，得到汞和一部分锌，然后再利用湿法溶解出含锰和剩余锌的盐溶液，最后通过电解、过滤等步骤得到金属锰和锌。干湿结合法回收效果极优，但缺点是回收成本较高且工序相对繁杂，不易操作。澳大利亚的 VA 公司就是采用的干湿结合法对废旧电池进行回收利用：将分选后的纽扣电池进行 650℃ 的高温处理，在此阶段汞被蒸发出来并进行冷凝，从而完成回收；用硝酸溶解剩余残渣，再加入适量盐酸使银离子与氯离子发生反应生成氯化银沉淀；利用锌可以将银从氯化银沉淀中置换出来；反应产生的废水最终通过固定电解床回收剩余的微量汞，中和后就可以进行排放了。

5. 烟化法回收

在进行废旧电池回收的过程中，烟化法也是一种极为常用的回收方法。烟化法主要是把空气和粉煤吹入烟化炉的熔融渣中，或者是把被处理的固体物料与还原剂焦粉或无烟粉煤混合均匀，将炉料加入到具有一定倾斜度的回转窑内，使炉料中的化合物及游离的氧化锌和氧化铅先还原成金属铅及金属锌的蒸气。废旧电池不经人工处理，虽可作为一种含锌冷料加入烟化炉，也可搭配进入回转窑，但在 $1100\sim1300℃$ 的炉、窑高温下，只能使电池中的锌以氧化锌的形式回收。炭棒一部分成为燃料和还原剂，残存部分则与铜帽中的铜及炭包中的锰化合物，以及烧毁后的电池商标、防潮纸等全部进入弃渣中。用烟化炉处理液体锌，炉渣中锌的氧化物及化合物在进行回收时回收率为 76%，而用回转窑挥发固体锌浸出渣，其回收率可达 88% 以上。故烟化法只能回收电池中的锌。虽不能令人满意，但简单易行，无需增添设备及劳力。

12.3.3 不同种类废旧电池的回收处理处置技术

1. 废旧锌锰电池的回收处理处置技术

废旧锌锰电池的处理方法可分为干法处理和湿法处理。干法处理主要是以矿产冶炼原理为基础，废旧锌锰电池经粉碎在高温下进行冶炼，通过高温化学反应，锌、铅和汞以单质形式析出，二氧化锰还原成低价氧化锰。碳粉、纸等有机物则燃烧或作为还原剂，最终以二氧化碳的形式排放。湿法回收过程中，主要是通过酸性溶液将粉碎后的电池溶解，使金属元素以离子形式存在，加入稀硫酸进行浸取，锌及其化合物全部进入硫酸溶液，经过滤，滤液为硫酸锌。滤渣分离出铜帽及铁皮后，剩余滤渣主要为二氧化锰及水锰石。废旧锌锰电池干法及湿法回收工艺路线对比如图 12-4 所示。目前，废旧锌锰电池回收技术主要针对锌、锰、铜等元素进行回收。许多工艺研究对其中含有的重金属的回收处理没有给予充分的重视，这将是以后需重点解决的问题。

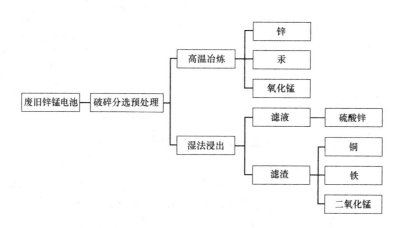

图 12-4　废旧锌锰电池干法及湿法回收工艺路线对比

汞的分离和回收。汞易挥发，一般采用分步加热分离回收。常压下 $400\sim700℃$ 或真空条件下约 $300℃$ 可使汞挥发，然后对含汞烟气通过冷凝、洗涤而进一步回收。在真空条件下进行热处理，可降低烟气量和减少烟气中的其他物种，降低焙烧与后续煅烧的温度，环境污染小，综合回收率高。在液体浸取工艺中使用铁作为还原剂，或通过电解的方式使汞生成沉淀物，也可以实现汞的回收。

锌的回收。从除汞剩余物中回收锌，有加热使锌挥发然后冷凝的方法以及萃取法和电解法等多种方式。前者应用于全火法回收工艺流程中，温度一般为950～1300℃，工艺流程短，但能耗大，设备投入多；后者应用于湿法回收锌工艺流程中，所得产品纯度较高。

锰的回收利用。锰的回收也有很多种方式，回收锌后可以直接得到锰氧化物或制备Mn-Fe合金；使用电解法从粉碎物的酸浸出液中电解制备二氧化锰，产品可以直接作为电池电极材料。

2. 废旧铅酸蓄电池的回收处理处置技术

目前，废旧铅酸蓄电池的回收以火法熔炼为主。所采用的熔炼设备多为反射炉，一些小企业和个体户甚至用人工将废板栅和铅膏分离后采用原始的土炉土罐生产。反射炉大多以烟煤为燃料，烟气温度达1260～1316℃，质量含量占铅膏50％以上的硫酸铅在此温度下分解产生二氧化硫，同时高温造成大量的铅挥发损失并形成污染性的铅尘。反射炉熔炼能耗为400～600kg标准煤/t铅，烟气含尘浓度达10～20g/m³，SO_2浓度达0.075kg/kg金属料，金属回收率一般只有80％～85％，渣的含铅量达10％以上。湿法回收工艺主要有直接电积法和间接电积法两种。直接电积法是将破碎分选后的废铅膏直接置于电解槽中进行电解回收铅。现阶段已研制出的直接电积法为固相电解还原法。间接电积法无法直接电积回收铅膏，需对铅膏进行转化、浸出后再进行电积处理，原则流程是铅膏转化—浸出—电积。代表性工艺有RSR工艺、USBM工艺、CX—EW工艺、NaOH—$KNaC_4H_4O_6$工艺、CX-EWS工艺、Placid工艺等，这些工艺都是先将$PbSO_4$和PbO_2进行转化，再对铅膏进行浸出处理，最后采用电积法获得高纯度的铅。废旧铅酸蓄电池火法及湿法回收工艺路线对比如图12-5所示。

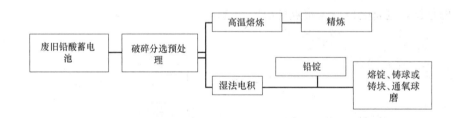

图12-5　废旧铅酸蓄电池火法及湿法回收工艺路线对比

高温冶炼技术脱硫。高温冶炼又称熔炼法，经预处理后的首要任务是脱硫。常用的脱硫剂为Na_2CO_3、NaOH等，在高温下将铅膏中的$PbSO_4$转化为可溶的Na_2SO_4及不溶的Pb_2CO_3或氢氧化铅沉淀，剩下的溶液Na_2SO_4可进一步纯化得到高纯度盐（$Na_2SO_4 \cdot 10H_2O$）。剩下的固体物质包括铅化合物、熔炼流出物和其他金属都一起放到熔炉中，加入还原介质（含碳物质）高温提取铅，熔化的单质铅将沉淀于炉底，但此时的铅含有许多金属杂质，必要时需精炼。

湿法冶金技术提取铅。此技术利用电解的原理提取铅，先将铅泥用硫酸溶解，再加入硫酸亚铁还原氧化铅使之变成二价可溶性铅。主要化学方程式有：

$$PbO_2(固)+2FeSO_4(液)+2H_2SO_4 = PbSO_4(固)+Fe_2(SO_4)_3+2H_2O \qquad (12-30)$$

$$Pb(固)+Fe_2(SO_4)_3(液) = PbSO_4(固)+2FeSO_4(液) \qquad (12-31)$$

$$Pb(固)+PbO_2(固)+2H_2SO_2(液) = 2PbSO_4(固)+2H_2O \qquad (12-32)$$

然后通过电解转化成金属铅。

综上所述，火法处理废旧铅酸蓄电池熔炼温度高，产生大量铅蒸汽和二氧化硫，严重污染环境，能源消耗大，炉渣、烟尘需专门处理。湿法回收废旧铅酸蓄电池的工艺具有不污染或基本上不污染环境，设备、工艺简单，操作方便，金属回收率相对较高，生产费用低，规模大小皆宜等优点，值得进一步完善推广。

3. 废旧镍镉/镍氢电池的回收处理处置技术

镍镉/镍氢电池含污染性的镉以及贵重金属镍，对这种电池的回收利用也主要集中于火法和湿法两种工艺过程。火法冶金回收包括常压冶金和真空冶金两种方法。由于镉的沸点远远低于铁、钴、镍的沸点，且金属镉易挥发，所以可通过氧化、还原、分解、挥发及冷凝的过程回收金属。将预处理过的废旧镍镉电池在有还原剂存在的条件下，加热至 $900\sim1000℃$，金属镉将以蒸汽的形式存在，然后经过冷凝设备来回收镉、铁和镍作为铁镍合金进行回收。

湿法回收的原理是基于废旧镍镉电池中的金属及其化合物能溶解于酸性、碱性溶液或某种溶剂形成溶液，然后通过电解沉淀、化学沉淀、萃取及置换等手段使其中的有价金属得到资源化回收，从而减轻废旧镍镉电池对环境的污染。

利用湿法技术提取金属。选择性浸出工艺是目前较为可行的湿法技术。根据各组分在溶液中的溶解性不同来提取金属，具体过程是先切开废旧电池，去除外壳后粉碎清洗去掉 KOH，在 $550\sim600℃$ 下焙烧 1h 以上，使 $Ni(OH)_2$ 脱水变成 NiO，同时将有机物碳化。经研究，所得样品为 CdO、NiO 和 Ni。镍镉的浸取溶液不同，各种控制条件也不尽相同。选择性浸出镍需加入 6.0mol/LHCl 溶液，因镉的氧化物可以溶解在 NH_4NO_3 溶液中，而镍和铁不溶。在溶液中通入二氧化碳生成 $CdCO_3$ 沉淀从而分离出镉。但此工艺会有大量二氧化碳排放且操作费用高。生物浸出工艺采用氧化亚铁硫杆菌作为生物浸出菌种，它对有毒金属镍和镉都有很强的抗毒性。通过创造良好的营养环境和 pH 值，镉、镍和铁的溶出率分别可以达到100%、96.5%和95.0%。该过程可以作为废旧镍镉电池回收的一种工艺，但其具有处理周期较长的缺点。

利用火法工艺分离镉。火法工艺又称高温回收工艺，在高温下利用碳还原镉的氧化物，然后对镉进行蒸馏分离。该工艺可以得到纯度很高的镉和镍铁合金，均可作为产品销售。火法工艺不但可以用来处理废旧镍镉电池，而且可以用于处理混合电池。目前在镍镉电池的回收方面产生了很多新的工艺，但都不外乎是火法和湿法或两者的结合。

电解沉积法是利用镍与镉的电极电位差异，通过电解从溶液中直接回收镉，从而实现镉与镍的分离。实验表明，Cd^{2+} 容易电解沉积，而此时 Ni^{2+}、H^+ 则未发生变化。化学沉淀法回收废旧镍镉电池中的有价金属，是指利用 NH_4HCO_3 选择性浸出镉，然后通入二氧化碳气体使镉成为 $CdCO_3$ 沉淀而析出。镉的浸出率可达到94%，但是 CO_2 气体消耗量大。在加热的改进条件下用 H_2SO_4 浸出废旧镍镉电池中的镍和镉后，在溶液的 pH 值为 $4.5\sim5.0$ 时加入沉淀剂 NH_4HCO_3 选择沉淀出 Cd，然后在滤液中加入 NaOH 和 Na_2CO_3，沉淀析出 $Ni(OH)_2$。但是为了防止镍的共沉淀，需在其中加入 $(NH_4)_2SO_4$。

废旧镍电池火法及湿法回收工艺路线对比如图12-6所示。

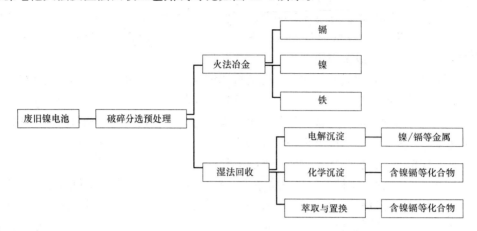

图12-6 废旧镍电池火法及湿法回收工艺路线对比

总之，废旧镍镉/镍氢电池火法冶金处理技术流程简单，但得到的合金价值较低。湿法回收技术的优势是可实现对有价金属镍、钴和稀土等元素的单独回收。但湿法处理工艺流程长，产生的污水易对环境造成二次污染。

4. 废旧锂离子电池的回收处理处置技术

对废旧锂离子电池回收利用的研究开始于20世纪90年代中后期，由于钴是一种稀有的贵重金属，在锂离子电池中的含量相对较高，因此对于废旧锂离子电池主要是回收其中的钴、锂等金属。各种回收处理处置技术的基本步骤包括：先采用机械剥离方式分解废旧锂离子电池，分离钢质外壳，预处理步骤分离集流体和活性物质，通过浸出方式使活性物质中的钴及其他金属进入溶液，然后再从浸出液中提取金属制备化工产品，差异主要在于多种金属回收技术的路线和方法之间。

根据文献报告，回收废旧锂离子电池的技术可分为：火法冶金法、物理分选法以及物理分选—化学浸出法。其中物理分选法通常可分为机械筛分法、热处理法、磁电选法等。按各工艺产品方案的不同，对浸出液的处理方法又分为萃取分离法、沉淀分离法、电沉积法等。

根据文献报告，用硫酸浸出—电沉积工艺从废旧锂离子电池中回收钴，浸出率接近100%，回收率大于93%。用碱浸酸溶—净化—沉钴工艺回收正极废料中的铝和钴，产品为氢氧化铝和草酸钴，铝、钴的回收率分别为94.89%和94.23%。这些方法钴的浸出率较高，但未考虑电解液、浸出残液及其他电池材料的综合处理，存在资源回收率低和二次污染等问题。

AEA工艺具有简单、二次污染小和资源回收率高等优势，不仅有效分离了电极材料中的各组分，回收了锂、钴、镍、铜、铝、铁和塑料、碳粉等，而且对电解液进行了回收。该工艺在欧洲已进入工业示范工程阶段，但经济可行性还需进一步研究。美国Toxco公司把在液氮中粉碎的废旧锂离子电池直接与水混合，产生的氢气在溶液上方燃烧掉，回收氢氧化锂。

Sony公司采用改进工艺，先在较高的温度下焚烧废旧锂离子电池，再用湿法回收钴，燃烧产物随烟气排放。

近年来，我国在废旧锂离子电池回收浸出处理技术方面的研究也取得了一些进展。根据文献报告，采用特定的有机溶剂分离法，将锂离子电池正极材料中的钴酸锂从铝箔上溶解下来，直接分离钴酸锂和铝箔。铝箔清洗后直接回收，所用的有机溶剂通过蒸馏方式脱除胶粘剂，循环使用。该工艺简化了废旧锂离子电池正极材料的回收处理工艺流程，有效地回收了钴和铝。也有学者提出了一种基于物理方法把废旧锂离子电池的钴酸锂、铜铝箔、隔膜和电解液等成分分离的方法。

目前，废旧锂离子电池回收技术存在成本高、废液废气二次污染、电解质回收率和资源回收率不高等问题，应向降低成本、无二次污染和资源回收率高的方向发展。

12.4 实训活动：社会调查与科研讲座及实验

12.4.1 社会调查

要求：调查学校所在地区电子废弃物无害化与资源化状况。

（1）撰写调查提纲；

（2）撰写调查报告。

12.4.2 科研讲座

要求：

（1）讲座内容：国内外电子废弃物无害化与资源化发展趋势；

（2）学生针对学校所在地区的电子废弃物无害化与资源化状况，提出具有建设性的改进建议报告。

12.4.3 含锌废物碱浸—电解回收金属锌粉实验

注：氢氧化钠溶解时会产生大量的热并具有强烈的刺激性，请按要求佩戴口罩和乳胶手套，尽量在通风条件下操作，听从老师指导。

含锌废物碱浸-电解回收金属锌粉工艺简介：

锌（Zn，65.39）是一种蓝白色金属，化学性质活泼，能溶于大多数无机酸和强碱性溶液。锌用途广泛，在有色金属消费中仅次于铜和铝，在国民经济中占有重要地位，在工业发展中有着不可替代的作用。

随着我国经济的迅猛发展，锌需求快速增长与锌精矿资源面临枯竭的矛盾日益加深，贫杂氧化锌矿及含锌废物等锌二次资源越来越受到重视。本工艺基于锌在强碱性溶液中能被高效选择性浸出、净化流程简单、电解能耗低、可直接电解回收金属锌粉等优势而提出，是生产金属锌粉的一种清洁工艺，特别适用于贫杂氧化锌矿及含锌废物的处理。图12-7为碱浸-电解回收金属锌粉工艺流程。

本实验属于综合性实验，参考中国矿业大学环境与测绘学院固体废物处置与资源化实验指导书，基于该工艺可分为四个子实验：

（1）化学滴定法测定强碱溶液中的游离碱、锌和碳酸钠。

（2）含锌废物中锌含量的测定实验。

（3）含锌废物强碱浸取实验。

（4）含锌强碱溶液电解回收金属锌实验。

1. 化学滴定法测定强碱溶液中的游离碱、锌和碳酸钠

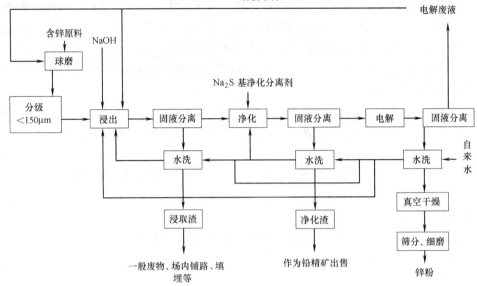

图 12-7　碱浸-电解回收金属锌粉工艺流程图

（1）实验目的和要求

准确快速测定碱法炼锌工艺含锌碱液（消解液、浸取液、净化液、电解液、废电解液等）中的游离碱、锌及碳酸钠对该工艺的实验研究和生产控制都有着至关重要的作用。通过本实验使学生了解强碱溶液中游离碱、锌和碳酸钠的测定原理，掌握强碱溶液中游离碱、锌和碳酸钠的测定方法。

（2）实验原理

首先利用酸碱中和原理以酚酞和甲基橙作指示剂，用盐酸标准溶液进行滴定；然后在 pH＝5.5～6 的条件下以 $Na_2S_2O_3$ 和 KF 作掩蔽剂，以二甲酚橙作指示剂进行 EDTA 络合滴定测定溶液中锌的含量，EDTA 能够与多种金属形成稳定的可溶性配合物，当接近滴定终点时，金属离子急剧减少使指示剂得以释放，溶液显示出指示剂本色或显示出 ED-TA 与金属离子络合物的颜色，确定滴定终点。最后利用盐酸和 EDTA 的消耗量联合计算含锌碱性溶液中游离碱和碳酸钠的含量。

（3）实验仪器和材料

1）电热套 1 台；

2）酸式滴定管（含铁架台）；

3）250mL 锥形瓶 3 个；

4）10mL 移液管 2 个；

5）50mL 容量瓶 2 个；

6）氨水（1＋1）；

7）盐酸（1＋1）；

8）约 0.5mol/L 的盐酸标准溶液；

9）EDTA 标准溶液（0.1～0.15mol/L）；

10）1.0000mg/mL 的锌标准溶液（准确称取 0.1g 优级纯锌粉溶于 2mL 优级纯浓盐酸并定容至 100mL 容量瓶中）；

11）pH＝5.5～6 的乙酸-乙酸钠缓冲溶液（称取 200g 结晶乙酸钠，用水溶解后，加入 10mL 冰乙酸，用水稀释至 1L，摇匀）；

12）100g/L 的硫代硫酸钠（$Na_2S_2O_3$）溶液；

13）200g/L 的 KF 溶液；

14）5g/L 的二甲酚橙指示剂（称取 0.5g 二甲酚橙溶于 100mL 水中，保质期两周）；

15）10g/L 的酚酞指示剂（称取 1g 酚酞溶于 100mL 无水乙醇中）；

16）1g/L 的甲基橙指示剂（称取 0.1g 甲基橙溶于 100mL 水中）；

17）玻璃棒、去离子水、胶头滴管若干。

（4）实验步骤

1）用移液管吸取 10mL 待测液于 50mL 容量瓶中，用去离子水定容；

2）取 10mL 上述定容后的试液于 250 mL 锥形瓶中，加入 1 滴酚酞指示剂，用盐酸标准溶液滴定至溶液由粉色变成红色，读取盐酸消耗体积 V_1；再滴加 1 滴甲基橙指示剂，继续用盐酸标准溶液滴定至溶液由黄色变成橙色，加热煮沸，冷却，再滴定到溶液变成橙色，读取盐酸消耗体积 V_2；

3）另取 10mL 定容后的试液于 250mL 锥形瓶中，滴加 1 滴氨水（1+1），再加 1 滴甲基橙指示剂，用盐酸（1+1）中和至甲基橙变红，然后再滴加氨水（1+1）使其刚好变黄，加入 15mL 乙酸-乙酸钠缓冲溶液，再分别加 2～3mL$Na_2S_2O_3$ 溶液和 KF 溶液，摇匀；加入 1 滴二甲酚橙指示剂，用 EDTA 标准溶液滴定至溶液由酒红色变成亮黄色，即为终点，记录 EDTA 标准溶液消耗量 V_3；

4）按上述步骤做平行样，结果取平均值；

5）记录实验数据；

6）清洗各种实验用具，并归回原位，检查无误后方可离开实验室。

（5）计算

$$\rho_{Zn}=\frac{1}{2}\times f\times V_3 \tag{12-33}$$

$$\rho_{NaOH}=\frac{40}{2}\times(V_1-V_2)\times C_{HCl} \tag{12-34}$$

$$\rho_{Na_2CO_3}=\frac{106}{2}\times(V_2\times C_{HCl}-2\times\frac{f\times V_3}{65}) \tag{12-35}$$

式中　ρ_{Zn}、ρ_{NaOH}、$\rho_{Na_2CO_3}$——分别为测得溶液的锌、游离碱和碳酸钠浓度，g/L；

f——1.00mLEDTA 标准溶液相当于锌的质量，g/mL；

C_{HCl}——盐酸标准溶液浓度，mol/L；

V_1——用酚酞作指示剂滴定消耗盐酸的体积，L；

V_2——用甲基橙作指示剂继续滴定消耗盐酸的体积，L；

V_3——消耗 EDTA 的体积，L。

（6）思考题

1）加入缓冲溶液的作用是什么？

2）Na$_2$S$_2$O$_3$溶液和 KF 溶液作掩蔽剂主要掩蔽哪些离子？

注：本实验涉及溶液比较多，包括锌标准溶液、盐酸标准溶液、EDTA 标准溶液、缓冲溶液以及掩蔽剂和各种指示剂溶液，请同学们实验前查阅相关资料，了解这些溶液的配备和标定方法，以便加深对本实验的理解。

2．含锌废物中锌含量的测定实验

（1）实验目的和要求

利用消解、化学滴定法准确测定固体废物中锌的含量。要求学生掌握固体废物的消解方法。

（2）实验原理

利用单一强酸或混合强酸在加热条件下破坏固体废物中的有机物和还原性物质，并将金属元素氧化为高价态，然后利用化学滴定法测定其中金属锌元素的含量，最终得到该固体废物中锌的含量。

（3）实验仪器和材料

1）电子天平（精度 0.0001g）；

2）电加热板（置于通风橱内）；

3）消解杯（聚四氟乙烯材质）3 个；

4）100mL 容量瓶 3 个；

5）5mL、10mL 移液管各 2 个；

6）盐酸（优级纯）、硝酸（优级纯）、高氯酸（优级纯）、氢氟酸（优级纯）；

7）去离子水；

8）口罩、手套等防护用品。

（4）实验步骤

1）打开通风橱通风开关，打开电加热板并将温度调至 100℃；

2）称取约 0.1g 固体废物样品（记为 m）于消解杯中，快速加入 6mL 盐酸和 2mL 硝酸，立即盖上消解杯盖，放在电加热板上加热；同时做平行、空白对照实验；

3）待消解杯中酸剩余量很少（2～3mL）时，若仍有较多不溶物，小心取下消解杯稍加冷却，同时将电加热板温度调高至 160℃，在稍加冷却的消解杯中加入 3mL 氢氟酸继续放在电加热板上消解；

4）同样待酸剩余量很少时，若仍有较多不溶物，小心取下消解杯稍加冷却后加入 3mL 高氯酸放在电加热板上继续消解；

5）待酸剩余量很少（2～3mL）时，取下消解杯冷却后转移至 100mL 容量瓶中（若有不溶物则需过滤），加入 2mL 硝酸，用去离子水定容至 100mL 摇匀，关闭通风橱；

6）利用化学滴定法测定定容后溶液中锌的浓度（记为 ρ，单位 g/L）。

（5）计算

$$\omega_{Zn} = \frac{\rho}{10 \times m} \times 100\% \qquad (12\text{-}36)$$

式中　ω_{Zn}——样品中锌的含量，%；

　　　ρ——定容到 100mL 后锌的浓度，g/L；

　　　m——称取的含锌废物质量，g。

（6）实验注意事项

1）消解时若固体废物已经完全溶解，没有不溶物残留，则可以结束加酸消解，进入定容步骤。

2）本实验所涉及强酸属于高危药品，全部具有极强的腐蚀性，其中高氯酸应避免振动或撞击，以免发生爆炸危险，必须轻拿轻放，因此实验时务必听从老师指导，佩戴必要的防护用品，切勿实验时嬉戏打闹，以免发生危险。

3. 含锌废物强碱浸取实验

（1）实验目的和要求

本实验属于含锌固体废物碱浸电解资源化回收利用金属锌工艺预处理的关键步骤，通过本实验使学生初步了解含锌废物强碱浸出工艺。要求学生能够理解实验原理和实验流程，掌握实验操作方法。

（2）实验原理

根据来源，含锌废物中的锌可能以 Zn、ZnS、ZnO、$ZnCO_3$、Zn_2SiO_4 或 $ZnO \cdot Fe_2O_3$ 等形态存在，除 $ZnO \cdot Fe_2O_3$、ZnS 外，金属锌单质及其他化合态在一定条件下既能溶于酸，也能溶于强碱。

锌及锌的化合态在强碱溶液中相关反应如下：

$$Zn + 2OH^- \rightarrow ZnO_2^{2-} + H_2 \uparrow \tag{12-37}$$

$$ZnCO_3 + 4OH^- \rightarrow ZnO_2^{2-} + 2H_2O + CO_3^{2-} \tag{12-38}$$

$$Zn + 4OH^- \rightarrow ZnO_2^{2-} + 2H_2O \tag{12-39}$$

$$Zn_2SiO_4 + 6OH^- \rightarrow 2ZnO_2^{2-} + 3H_2O + SiO_3^{2-} \tag{12-40}$$

$$ZnO_2^{2-} + 2H_2O \Longleftrightarrow Zn(OH)_4^{2-} \tag{12-41}$$

（3）实验仪器和材料

1）恒温磁力搅拌水浴锅 1 台；

2）离心机 1 台（配若干 10mL 离心管）；

3）500mL 细口玻璃反应器；

4）磁力转子；

5）温度计；

6）玛瑙研钵；

7）100 目标准筛；

8）含锌废物；

9）氢氧化钠（NaOH）；

10）500mL 烧杯 1 个；

11）100mL 容量瓶 2 个；

12）滤纸、玻璃棒等。

实验装置如图 12-8 所示。

（4）实验步骤

1）研磨烘干冷却后的含锌废物并过 100 目标准筛，然后称取 10g（精确到 0.0001g，记为 M）筛下含锌废物，备用；

2）在水浴锅中加入适量水，打开加热开关并将温度调至预设值（如 80℃）；

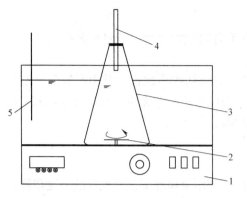

图 12-8 含锌废物浸出实验装置

1—水浴锅；2—搅拌子；3—锥形瓶；
4—冷凝管或漏斗；5—电节点温度计

3）称取 65g NaOH 并转移至反应器内，向反应器内加入去离子水使 NaOH 完全溶解，并加去离子水至接近 250mL 刻度；

4）将反应器放入水浴锅中；开启磁力搅拌并调节搅拌转速至预设值；待反应器溶液温度达到预设值后，向反应器内加入已称量好的含锌废物，并用去离子水定容至 250mL；开始浸取；

5）浸取过程中，每到达某一预设浸取时间（如 0.5h、1h、1.5h、2h 等），立即用移液管取 5mL 浸取液放至离心管并放入离心机进行离心，固液分离；

6）精确移取离心管上清液 1mL，用第 1 个子实验的检测方法测定溶液中锌的浓度（记为 ρ，单位为 g/L）；

7）记录实验数据；

8）清洗各种实验用具，并归回原位，检查无误后方可离开实验室。

（5）计算

$$\eta = \frac{250m}{M \times P} \times 100\% \tag{12-42}$$

式中　η——含锌废物中锌的浸取率，%；

m——1mL 离心上清液中锌的质量，g；

M——称量的含锌废物总质量，g；

P——含锌废物中锌的百分含量，%。

（6）实验注意事项

本实验所需高浓度强碱溶液腐蚀性强，配制和转移时应小心操作，并按要求佩戴乳胶手套和口罩，听从老师指导。

（7）思考题

1）影响锌浸取效率的因素有哪些？

2）NaOH 浓度降低了多少？降低量是否全部参与了与 ZnO 的反应？

4. 含锌强碱溶液电解回收金属锌实验

（1）实验目的和要求

控制电解参数回收含锌强碱溶液中的金属锌。通过本实验使学生直观感受碱锌溶液中金属锌的电沉积过程，培养学生对固体废物资源化回收利用的兴趣，要求学生掌握碱锌溶液电解回收金属锌的实验操作。

（2）实验原理

电解过程即在外部电压作用下驱动电解质溶液中阴、阳离子分别向阳极和阴极移动，并分别在阳极和阴极发生氧化反应和还原反应。强碱介质中，碱根离子失去电子生成氧气和水，同时碱锌离子在阴极得到电子被还原为锌单质，从而得到高纯度的金属锌。

碱锌溶液中阴、阳极主要反应如下（不锈钢板作阳极，镁合金板作阴极）：

$$阳极：2OH^- -2e \longrightarrow \frac{1}{2}O_2 \uparrow + H_2O \qquad (12\text{-}43)$$

$$阴极：Zn(OH)_4^{2-} + 2e \longrightarrow Zn \downarrow + 4OH^- \qquad (12\text{-}44)$$

（3）实验仪器和材料

1）直流电源 1 台；

2）阴、阳极板各 1 块（阳极：不锈钢板；阴极：镁合金板）；

3）恒温磁力搅拌水浴锅 1 台；

4）蠕动泵（可用磁力转子搅拌代替）；

5）电解槽（本实验采用 500mL 塑料烧杯）；

6）氧化锌（分析纯 AR99%）；

7）氢氧化钠（分析纯 AR99%）；

8）1000mL 烧杯 1 个；

9）pH 试纸；

10）玻璃棒、直尺、导线。

实验装置如图 12-9 所示。

（4）实验步骤

1）称取 21.87g 氧化锌和 121.6g 氢氧化钠溶于去离子水中并定容，配制成 500mL 的碱锌溶液（其中锌含量 35g/L，氢氧化钠浓度 200g/L）；

2）利用化学滴定法测定碱锌的溶液中锌的含量（g/L），记为 C_1；

3）取 450mL 碱锌溶液于 500mL 塑料烧杯中（也可以按照装置图将盛有碱锌溶液的塑料烧杯放在水浴锅中在可控温度下进行电解），放入阴、阳极板（浸没极板面积为 7cm × 6.5cm），用导线将极板与直流电源

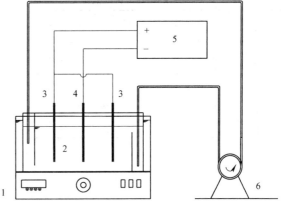

图 12-9　电解实验装置

1—水浴锅；2—电解槽；3—阳极板；4—阴极板；
5—数显直流电源；6—蠕动泵

正、负极正确连接，并调整阴、阳极板间距为 3cm；

4）打开直流电源，调节电压、电流旋钮输出恒电流，使电流密度达到预设值（如 1000A/m²）；开始电解，观察电解过程中阴、阳极板表面的现象；

5）电解到预定时间（如 1h、1.5h、2h 等）后，关闭电源开关；用移液管取适量（如 1mL、2mL 等）电解废液，利用化学滴定法测定锌含量，记为 C_2；

6）将烧杯中的剩余电解废液倒入废液桶内；将阴极电解锌粉刮下，并将阴、阳极板从烧杯内取出；用去离子水反复冲洗电解得到的金属锌粉，直至清洗水 pH<8，送真空干燥箱真空干燥，即可得到高纯度金属锌粉；

7）记录实验数据；

8）清洗各种实验用具，并归回原位，检查无误后方可离开实验室。

（5）计算

$$\eta = \frac{(C_1 - C_2) \times 0.45}{q \times I \times t} \times 100\%$$ (12-45)

式中　η——电流效率；

C_1、C_2——分别为电解前后溶液中锌的浓度，g/L；

　　　q——锌的电解当量，1.22g/(A·h)；

　　　I——通电电流，4.5~4.6A；

　　　t——电解时间，5400s。

（6）实验记录

电解前锌电极质量：_____

电解后锌电极质量：_____

（7）思考题

1）电解刚开始一段时间内，阴极板内表面有什么变化？为什么？

2）请推导锌的电解当量 q；思考可能的电流效率偏高现象。

电解过程 Zn^{2+} 浓度记录表　　　　　　　　　　　　　　　　表 12-2

取样时间 （min）	取样体积 （mL）	定容体积 （mL）	空白溶液 吸光度	被测试样 吸光度	被测 Zn^{2+} 含量 （mg/L）	Zn^{2+} 含量平 均值(mg/L)
0						
10						
20						
30						
45						
60						
90						
120						

附 录 A

危险废物豁免管理清单见附表 A-1。

危险废物豁免管理清单   附表 A-1

序号	废物类别/代码	危险废物	豁免环节	豁免条件	豁免内容
1	家庭源危险废物	家庭日常生活中产生的废药品及其包装物、废杀虫剂和消毒剂及其包装物、废油漆和溶剂及其包装物、废矿物油及其包装物、废胶片及废相纸、废荧光灯管、废温度计、废血压计、废镍镉电池和氧化汞电池以及电子类危险废物等	全部环节	未分类收集	全过程不按危险废物管理
			收集	分类收集	收集过程不按危险废物管理
2	193-002-21	含铬皮革废碎料	利用	用于生产皮件、再生革或静电植绒	利用过程不按危险废物管理
3	252-014-11	煤气净化产生的煤焦油	利用	满足《煤焦油》YB/T 5075—2010，且作为原料深加工制取萘、洗油、蒽油等	利用过程不按危险废物管理
4	772-002-18	生活垃圾焚烧飞灰	处置	满足《生活垃圾填埋场污染控制标准》GB 16889—2008 中 6.3 条要求，进入生活垃圾填埋场填埋	填埋过程不按危险废物管理
			处置	满足《水泥窑协同处置固体废物污染控制标准》GB 30485—2013，进入水泥窑协同处置	水泥窑协同处置过程不按危险废物管理
5	772-003-18	医疗废物焚烧飞灰	处置	满足《生活垃圾填埋场污染控制标准》GB 16889—2008 中 6.3 条要求，进入生活垃圾填埋场填埋	填埋过程不按危险废物管理
6	772-003-18	危险废物焚烧产生的废金属	利用	用于金属冶炼	利用过程不按危险废物管理
7	900-451-13	采用破碎分选回收废覆铜板、印刷线路板、电路板中金属后的废树脂粉	运输	运输工具满足防雨、防渗漏、防遗撒要求	不按危险废物进行运输
			处置	进入生活垃圾填埋场填埋	处置过程不按危险废物管理
8	900-041-49	农药废弃包装物	收集	村、镇农户分散产生的农药废弃包装物的收集活动	收集过程不按危险废物管理

序号	废物类别/代码	危 险 废 物	豁免环节	豁 免 条 件	豁 免 内 容
9	900-041-49	废弃的含油抹布、劳保用品	全部环节	混入生活垃圾	全过程不按危险废物管理
10	900-042-49	由危险化学品、危险废物造成的突发环境事件及其处理过程中产生的废物	转移	经接受地县级以上环境保护主管部门同意，按事发地县级以上地方环境保护主管部门提出的应急处置方案进行转移	转移过程不按危险废物管理
			处置	按事发地县级以上地方环境保护主管部门提出的应急处置方案进行处置或利用	处置或利用过程可不按危险废物进行管理
11	900-044-49	阴极射线管含铅玻璃	运输	运输工具满足防雨、防渗漏、防遗撒要求	不按危险废物进行运输
12	900-045-49	废弃电路板	运输	运输工具满足防雨、防渗漏、防遗撒要求	不按危险废物进行运输
13	HW01	医疗废物	收集	从事床位总数在19张以下（含19张）的医疗机构产生的医疗废物的收集活动	收集过程不按危险废物管理
14	831-001-01	感染性废物	处置	按照《医疗废物高温蒸汽集中处理工程技术规范》HJ/T 276—2006 或《医疗废物化学消毒集中处理工程技术规范》HJ/T 228—2006 或《医疗废物微波消毒集中处理工程技术规范》HJ/T 229—2006)进行处理后	进入生活垃圾填埋场填埋处置或进入生活垃圾焚烧厂焚烧处置,处置过程不按危险废物管理
15	831-002-01	损伤性废物	处置	按照《医疗废物高温蒸汽集中处理工程技术规范》HJ/T 276—2006 或《医疗废物化学消毒集中处理工程技术规范》HJ/T 228—2006 或《医疗废物微波消毒集中处理工程技术规范》HJ/T 229—2006 进行处理后	进入生活垃圾填埋场填埋处置或进入生活垃圾焚烧厂焚烧处置,处置过程不按危险废物管理
16	831-003-01	病理性废物（人体器官和传染性的动物尸体等除外）	处置	按照《医疗废物化学消毒集中处理工程技术规范》HJ/T 228—2006 或《医疗废物微波消毒集中处理工程技术规范》HJ/T 229—2006 进行处理后	进入生活垃圾焚烧厂焚烧处置,处置过程不按危险废物管理

注：1."序号"指列入本目录危险废物的顺序编号；
2."废物类别/代码"指列入本目录危险废物的类别或代码；
3."危险废物"指列入本目录危险废物的名称；
4."豁免环节"指可不按危险废物管理的环节；
5."豁免条件"指可不按危险废物管理应具备的条件；
6."豁免内容"指可不按危险废物管理的内容。

参 考 文 献

[1] 何品晶. 城市垃圾处理 [M]. 北京：中国建筑工业出版社，2015.

[2] 殷立峰. 法律诉讼业务实训教学系统研究与设计 [D]. 济南：山东大学，2010.

[3] 彭长琪. 固体废物处理与处置技术 [M]. 武汉：武汉理工大学出版社，2009.

[4] 赵由才，牛冬杰，柴晓利. 固体废物处理与资源化 [M]. 北京：化学工业出版社，2006.

[5] 李颖. 固体废物资源化利用技术 [M]. 北京：机械工业出版社，2012.

[6] 李秀金. 固体废物处理与资源化 [M]. 北京：科学出版社，2011.

[7] 刘丹，李启彬. 城市生活垃圾处理与处置实践教程 [M]. 成都：西南交通大学出版社，2008.

[8] 宁平，张承中，陈建中. 固体废物处理与处置实践教程 [M]. 北京：化学工业出版社，2005.

[9] 白圆. 固体废物处理与处置概论 [M]. 北京：科学出版社，2016.

[10] 蒋建国. 固体废物处置与资源化 [M]. 北京：化学工业出版社，2013.

[11] 李颖. 城市生活垃圾卫生填埋设计指南 [M]. 北京：中国环境科学出版社，2005.

[12] Xiao J Z，Ma Z M，Tao D. Reclamation chain of waste concrete：A case study of Shanghai [J]. Waste Management，2016，48：334-343.

[13] 傅梦，张智慧. 建筑垃圾制免烧免蒸砖的环境影响评价 [J]. 工程管理学报，2010（5）：485-487.

[14] 钱玲，侯浩波. 建筑垃圾的综合利用 [J]. 再生资源研究，2004（6）：23-26.

[15] 丁雪芬. 废弃混凝土在建筑工程上的回收利用 [J]. 混凝土，2003（2）：56-57.

[16] 戚骁锋. 废弃粘土砖再利用的策略 [J]. 科技风，2013（15）：161.

[17] 黄桐，王戈，汪清波等. 城市更新项目中废弃混凝土的再利用 [J]. 建筑施工，2016，38（10）：1452-1454.

[18] 蒋业浩，姜艳艳，吴书安等. 建筑垃圾再生骨料清洁生产及工程应用研究 [J]. 施工技术，2014，43（24）：37-39.

[19] 汪群慧，马鸿志，王旭明等. 厨余垃圾的资源化技术 [J]. 现代化工，2004，24（7）：56-59.

[20] 袁玉玉，曹先艳，牛冬杰等. 餐厨垃圾特性及处理技术 [J]. 环境卫生工程，2006，14（6）：46-49.

[21] 徐栋，沈东升，冯华军等. 南方城市餐饮业垃圾特性调查及处理对策分析 [J]. 环境科学，2011，32（7）：214-216.

[22] Lee Y W，Chung J. Bio-production of hydrogen from food waste by pilot-scale combined hydrogen/methanefer mentation [J]. International Journal of Hydrogen Energy，2010，35（21）：11746-11755.

[23] Li R P，Ge Y J，Wang K S，et al. Characteristics and an acrobic digestion performances of kitchen wastes [J]. Renewable Energy Resources，2010，28（1）：76-80.

[24] Liu M. Hazards exploration on livestock breeding and feel processing of food waste [J]. Gansu Farming，2006（11）：164.

[25] Chalaka A，Abou-Dahera C，JChaabana J，et al. The global economic and regulatory determinants of household foodwaste generation：A cross-country analysis [J]. Waste Management，2016，48：418-422

[26] Koch K，Plabst M，Schmidt A，et al. Co-digestion of food waste in a municipal wastewater treatment plant：Comparison of batch tests and full-scale experiences [J]. Waste Management，2016，47：28-33.

[27] 徐文龙，刘晶昊. 我国大城市垃圾焚烧处理技术应用分析 [J]. 城市管理与科技，2007 (4)：9-13.
[28] Matteson G C，Jenkins B M. Food and processing residues in California：Resource assessment and potential for power generation [J]. Bioresource Technology，2007，98 (16)：3098-3105.
[29] Nijmeh M N，Ragab A S，Emeish M S，et al. Design and testing of solar dryers for processing food waste [J]. Applied Thermal Engineering，1998，18 (12)：1337-1346.
[30] 张振华，汪华林，胥培军等. 厨余垃圾的现状及其处理技术综述 [J]. 再生资源研究，2007 (5)：31-34.
[31] 胡新军，张敏，余俊锋等. 中国餐厨垃圾处理的现状问题和对策 [J]. 生态学报，2012，32 (14)：4575-4584
[32] 张庆芳，杨林海，周丹丹. 餐厨垃圾废弃物处理技术概述 [J]. 中国沼气，2012，30 (1)：22-26，37.
[33] 刘可鑫. 国内外城市生活垃圾处理概况及发展趋势 [J]. 软科学，2000 (1)：30-32.
[34] 王星，王德汉，张玉帅等. 国内外餐厨垃圾的生物处理及资源化技术进展 [J]. 环境卫生工程，2005，13 (2)：25-29.
[35] 徐栋，沈东升，冯华军. 厨余垃圾的特性及处理技术研究进展 [J]. 科技通报，2011，27 (1)：130-135.
[36] 邵孝侯. 农业环境学 [M]. 南京：河海大学出版社，2005.
[37] 席北斗，孟伟，刘鸿亮等. 三阶段控温堆肥过程中接种复合微生物菌群的变化规律研究 [J]. 环境科学，2003，24 (2)：152-155.
[38] 周少奇. 有机垃圾好氧堆肥法的生化反应机理 [J]. 环境保护，1999 (3)：30-32
[39] Lissens G，Vandevivere P，De B L，et al. Solid waste digestors：Process performance and practice for municipal solid waste digestion [J]. Water Science & Technology，2001，44 (8)：91-102.
[40] 张雄，彭贤东，廖内平. 某电厂截洪沟优化设计 [J]. 给水排水，2008，34 (10)：64-67.
[41] 方伟成. 电子废弃物回收处理体系的研究 [D]. 赣州：江西理工大学，2008.
[42] 谭荣和，陈文勇，吴晓松等. 电子电器废弃物化学提铜金工艺设计 [J]. 稀有金属与硬质合金，2008，43 (3)：21-25.
[43] 刘旸，刘静欣，江晓健等. 废弃电路板中非金属组分的回收利用 [J]. 有色金属科学与工程，2016 (2)：1-7.
[44] 易馨，杨开智，张鹏等. 微生物法从电子废弃物中回收贵金属的研究进展 [J]. 资源再生，2016 (3)：62-64.
[45] 杨积军，陈莉. 家用化学品的卫生管理现状与对策探讨 [J]. 广西医学，2002 (11)：1920-1921.
[46] 陆珩，王栩冬. 家用化学品卫生安全现状及其控制对策 [J]. 职业与健康，2005 (2)：264-265.
[47] 龙冬清，曹海川，何田妹. 废弃化学品安全处置的主要环节及控制 [J]. 环境卫生工程，2014，(5)：56-59.
[48] 延琰. 废电池的处理及其综合利用探讨 [J]. 低碳世界，2017 (1)：25-26.
[49] 刘林灏. 废旧手机电池对生态环境的影响及回收利用 [J]. 科技展望，2017 (4)：281.
[50] 贾蕗路，裴峰，伍发元等. 废旧电池回收处理处置技术研究进展 [J]. 电源技术，2013 (11)：2067-2069.
[51] 孙崇瑜. 浅谈废旧化学电池的危害及利用 [J]. 科技创新与应用，2017 (1)：179.
[52] 唐艳芬，高虹. 国内外废旧电池回收处理现状研究 [J]. 有色矿冶，2007 (4)：50-52.
[53] 韩东梅，南俊民. 废旧电池的回收利用 [J]. 电源技术，2005 (2)：128-131.
[54] 谢诃. 化学废旧电池的回收和综合利用研究 [J]. 绿色科技，2013 (7)：210-213.